高等职业教育计算机教育新形态系列教材

信息技术基础

（Windows 10 + WPS Office）

鲍慧敏　白伟杰　陈　婧　主　编
李秋敬　董晓芬　王明芳　副主编

中国铁道出版社有限公司
CHINA RAILWAY PUBLISHING HOUSE CO., LTD.

内 容 简 介

本书为高等职业教育计算机教育新形态系列教材之一，通过六个项目二十个任务介绍了计算机的发展、软硬件组成、分类、特点及应用等方面的基础知识，包括当下流行的桌面操作系统 Windows 10 的基本应用、文件管理、系统设置等实用技能，利用常用办公软件 WPS Office 进行文档的创建和编辑、分析数据以及创作演示文稿，对个人计算机的安全以及系统维护等信息安全方面的设置，旨在帮助学生更好地适应信息化社会的发展需求。

本书注重理论与实践的结合，书中提供的案例和实训项目，能够帮助学生更好地理解和应用所学知识。项目实施过程以文字与视频两种方式呈现，学生能够利用碎片化时间随时随地进行查找和学习。

本书旨在为高等职业院校大一新生提供全面、实用的计算机应用基础知识，帮助他们掌握计算机基本操作技能，提高利用计算机进行日常办公的能力，是一本全面、实用、与时俱进的计算机应用教材。

图书在版编目（CIP）数据

信息技术基础：Windows 10+WPS Office / 鲍慧敏，白伟杰，陈婧主编 . -- 北京：中国铁道出版社有限公司，2024. 8. --（高等职业教育计算机教育新形态系列教材）.
ISBN 978-7-113-31363-0

Ⅰ．TP316.7; TP317.1

中国国家版本馆 CIP 数据核字第 2024533ER0 号

书　　名：信息技术基础（Windows 10+WPS Office）
作　　者：鲍慧敏　白伟杰　陈　婧

策　　划：潘晨曦　祁　云　　　　　　编辑部电话：（010）63549458
责任编辑：祁　云　包　宁
封面设计：刘　颖
责任校对：刘　畅
责任印制：樊启鹏

出版发行：中国铁道出版社有限公司（100054，北京市西城区右安门西街 8 号）
网　　址：https://www.tdpress.com/51eds/
印　　刷：北京市泰锐印刷有限责任公司
版　　次：2024 年 8 月第 1 版　2024 年 8 月第 1 次印刷
开　　本：850 mm×1 168 mm　1/16　印张：14　字数：345 千
书　　号：ISBN 978-7-113-31363-0
定　　价：46.00 元

版权所有　侵权必究

凡购买铁道版图书，如有印制质量问题，请与本社教材图书营销部联系调换。电话：（010）63550836
打击盗版举报电话：（010）63549461

高等职业教育计算机教育新形态系列教材编审委员会

主　任：石　冰

副主任：迟会礼　高寿柏　刘光泉　徐洪祥　刘德强
　　　　王作鹏　秦绪好

委　员：（按姓氏笔画排序）

马立新　王　军　王　研　王学周　王德才
毛书朋　冯治广　宁玉富　曲文尧　朱旭刚
任文娟　任清华　刘　学　刘文娟　刘洪海
衣文娟　闫丽君　祁　云　许文宪　孙玉林
李　莉　李正吉　杨　忠　连志强　肖　磊
张　伟　张　震　张文硕　张传勇　张亦辉
张宗国　张宗宝　张春霞　陈　静　邵明东
邵淑华　武洪萍　尚玉新　国海涛　岳宗辉
周　峰　周卫东　郑付联　房　华　孟英杰
赵儒林　郝　强　徐　建　徐希炜　常中华
崔玉礼　梁胶东　董善志　程兴琦

秘书长：杨东晓

序

　　党的二十大报告提出，要"深化教育领域综合改革，加强教材建设和管理"。中国铁道出版社有限公司与山东计算机学会职业教育发展专业委员会以党的二十大精神为引领，在职业教育适应新技术和产业变革需要的大背景下，坚持科技、行业进步和产业转型发展为驱动，创新教材呈现方式和话语体系，推进教材建设创新发展，努力加快建设中国特色高水平教材，形成引领示范效应，共同策划组织了这套"高等职业教育计算机教育新形态系列教材"。本系列教材在编写思路上进行了充分的调研和精心的设计，主要体现在以下五个方面。

　　一、坚持正确的政治方向和价值导向。本系列教材本着弘扬劳动光荣、技能宝贵、创造伟大的时代风尚，旨在培养学生精益求精的大国工匠精神，激发学生科技报国的家国情怀和使命担当。

　　二、遵循职业教育教学规律和人才成长规律。本系列教材符合学生认知特点，体现先进职业教育理念，以真实生产项目、典型工作任务等为载体，体现产业发展的新技术、新工艺、新规范、新标准，反映人才培养模式改革方向，将知识、能力和正确价值观的培养有机结合，适应专业建设、课程建设、教学模式与方法改革创新等方面的需要，满足项目学习、案例学习、模块化学习等不同学习方式要求，有效地激发学生学习兴趣和创新潜能。

　　三、科学合理编排教材内容。本系列教材设计逻辑严谨、梯度明晰，文字表述规范、准确流畅；名称、术语、图表规范等符合国家有关技术质量标准和规范。

　　四、集成创新数字化教学资源。本系列教材具有配套建设的数字化资源，包括教学课件、教学案例、教学视频、动画以及试题库等，部分教材具有相应的课程教学平台和教学软件，学生可充分利用现代教育技术手段，提高课程学习效果。同时，将教材建设与课程建设结合起来，努力实现集成创新，深入推进教与学的互动，有利于教师根据教学反馈及时更新与优化教学策略，有效提升课堂的活跃互动程度，真正做到因材施教，做到方便教学、便于推广。

五、构建专家编审组织及产教融合编写团队。本系列教材由全国知名专家、教科研专家、职业教育专家及行业企业的专家组成编审委员会，他们在相关学术领域、教材或教学方面取得有影响的研究成果，熟悉相关行业发展前沿知识与技术，有丰富的教材编写经验，由他们负责对系列教材进行总体思路确立、编写、指导、审稿把关，以确保每种教材的质量。每种教材尽可能科教协同、校企协同、校际协同开展教材编写，并且大部分教材都是具有高级职称的专业带头人或资深专家领衔编写，全面提升教材建设的科学化水平，打造一批满足专业建设要求、支撑人才成长需要、经得起历史和实践检验的精品教材。

本系列教材内容前瞻、特色明显、资源丰富，是值得关注的一套好教材。希望本系列教材能实现促进计算机专业及技能人才培养质量提升的要求和愿望，为高等职业教育的高质量发展起到推动作用。

2023 年 1 月

前言

《信息技术基础（Windows 10+WPS Office）》是一本与高等职业教育信息技术应用课程相配套的教材，旨在帮助学生掌握计算机基础知识和应用技能。本教材的编写遵循教育部颁布的《高等职业教育专科信息技术课程标准（2021年版）》，结合山东省专升本考试大纲，力求为高职高专学生提供全面、实用的计算机应用知识。同时也为广大WPS Office学习者提供帮助。

"信息技术基础"是一门旨在培养学生计算机应用能力的课程，其地位在我国高等教育中日益凸显。随着信息技术的快速发展，计算机应用已经成为各个行业不可或缺的一部分。本课程旨在培养学生具备利用计算机进行日常办公的能力，为未来的学习和工作打下坚实的基础。在编写本教材时，我们以培养学生计算机应用能力为核心，注重理论与实践相结合。同时，结合教学标准，强调了教材的系统性、实用性和前瞻性。本书在内容安排上遵循由浅入深、循序渐进的原则，使学生能够逐步掌握计算机应用的基本知识和技能。本教材注重与其他专业课教材的衔接和互补，形成一个完整的计算机应用知识体系。教材内容依据教育部颁布的计算机应用教学标准进行编写，确保内容符合人才培养要求。本教材通过具体任务的实施，培养学生的实际操作能力，使学生在学习过程中能够做到学以致用。

本教材共含六个项目，内容涵盖计算机基础知识、Windows 10操作系统、办公软件WPS Office、信息安全等方面。项目一 计算机基础知识：介绍计算机的发展史、组成原理、分类、特点及应用等方面的基础知识。项目二 Windows 10操作系统应用：介绍Windows 10的基本操作、文件管理、系统设置等实用技能。项目三 WPS文字：讲述进行文档基本排版、图文混排和长文档编辑。项目四 WPS表格：讲述创建电子表格文档、录入数据、管理数据和统计数据。项目五 WPS演示：讲述创建交互式演示文稿。项目六 信息安全：介绍黑客与计算机病毒，学习计算机安全设置，应用杀毒软件保护计算机。

本教材的课时安排建议如下：

项 目	课时建议
项目一　计算机基础知识	4
项目二　Windows 10 操作系统应用	6
项目三　WPS 文字	16
项目四　WPS 表格	18
项目五　WPS 演示	12
项目六　信息安全	8

本教材由鲍慧敏、白伟杰、陈婧任主编，李秋敬、董晓芬、王明芳任副主编，曹鹏飞、李滨、张浩参与编写。具体编写分工如下：项目一由曹鹏飞编写；项目二由白伟杰和王明芳编写；项目三由陈婧、李秋敬、张浩和李滨编写；项目四由鲍慧敏编写；项目五由董晓芬编写；项目六由陈婧、李秋敬、张浩和李滨编写。全书由鲍慧敏统稿。

虽然我们力求编写一本全面、实用的计算机应用教材，但限于水平和时间，书中难免有疏漏和不足之处，敬请广大读者批评指正。

编　者
2024年5月

目 录

项目一 计算机基础知识 1
- 任务一 计算机的发展历程 2
- 任务二 计算机的系统组成 7
- 任务三 计算机的数制和信息编码 14

项目二 Windows 10 操作系统应用 22
- 任务一 个人桌面的定制 23
- 任务二 文件管理 38
- 任务三 系统设置与维护 49

项目三 WPS 文字 64
- 任务一 制作个人简介文档 65
- 任务二 编辑 Web 前端工作室纳新海报 76
- 任务三 制定学生信息统计表 87
- 任务四 职位岗位调查分析的排版 100

项目四 WPS 表格 115
- 任务一 NCRE 考生详情统计表 116
- 任务二 期末成绩统计表 125
- 任务三 月度员工考勤记录 141

项目五 WPS 演示 151
- 任务一 制作年度工作总结演示文稿 152
- 任务二 设置年度工作总结演示文稿的动画和交互效果 175
- 任务三 放映和输出年度工作总结演示文稿 182

项目六 信息安全 188
- 任务一 计算机安全设置 189
- 任务二 黑客与计算机病毒 194
- 任务三 计算机杀毒软件的使用 197
- 任务四 系统维护 203

附录 A 信息安全法律法规 210

参考文献 214

网络出版资源明细表

序号	链接内容	页码	序号	链接内容	页码
1	快捷方式的创建与删除	28	32	max()函数和min()函数计算各科最高分和最低分	134
2	设置桌面背景	30	33	统计各分数段人数	134
3	设置桌面主题	35	34	计算各科优秀率和及格率	136
4	附件程序的应用	36	35	利用LEFT()函数提取每位学生的入学年份	136
5	资源管理器和创建文件夹	41	36	在身份证号码中提取"性别"	137
6	创建文件	43	37	匹配填充部门名称	139
7	文件夹或文件基本操作	46	38	计算奖学金等级	140
8	用户账户设置	52	39	排序	143
9	删除程序和系统日期设置	56	40	筛选	144
10	任务管理器相关设置	61	41	分类汇总	146
11	创建并保存文档	73	42	可视化看板	147
12	编辑文档内容	73	43	新建和保存演示文稿	164
13	设置文字格式	74	44	编辑幻灯片母版	164
14	设置段落格式	75	45	编辑幻灯片	168
15	创建文档	81	46	编辑超链接	180
16	输入文本并设置文本样式	81	47	插入动作按钮	180
17	艺术字及样式设置	82	48	添加对象动画效果	180
18	插入图形并设置样式	84	49	添加幻灯片切换动画效果	181
19	插入图片并设置格式	86	50	演示文稿排练预演	187
20	表格工具的介绍	88	51	演示文稿输出为PDF	187
21	表格的基本操作	91	52	演示文稿打包	187
22	表格的格式和排序	99	53	打开账户	191
23	页面设置	107	54	创建密码	192
24	样式设置	110	55	设置密码	193
25	目录设置	113	56	下载杀毒软件	203
26	利用大纲视图调整文档结构	114	57	安装杀毒软件	203
27	创建并保存WPS工作簿文档	119	58	使用杀毒软件	203
28	输入数字形式的文本型数据	119	59	清除临时文件和浏览数据	206
29	利用数据有效性设置并输入数据	120	60	清理C盘	208
30	公式计算总分和平均分	130	61	检查和优化D盘	209
31	rank()函数计算名次	131			

项目一
计算机基础知识

　　计算机的出现使人类迅速步入了信息社会。计算机是一门科学，同时也是一种能够按照指令，对各种数据和信息进行自动加工和处理的电子设备。掌握计算机相关技术已经成为各行业对从业人员的基本要求之一。本项目通过三个任务介绍计算机的基础知识，包括了解计算机的诞生及发展历程、了解计算机的系统组成、认识计算机中的数制和信息编码，为后面项目的学习奠定基础。

本章知识导图

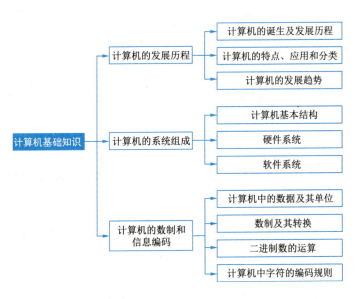

学习目标

- 了解：

  计算机的发展历程；

  计算机的硬件系统；

  计算机的软件系统；

  常用的信息编码。

- 理解：

  计算机的常用数制和转换；

  二进制的运算。

- 应用：

  利用计算机硬件组成基础知识识别和选择计算机硬件组装台式机。

- 分析：

  通过学习本项目内容，学会分析基本数据并进行必要转换。

- 养成：

  养成自觉利用计算机解决问题的习惯。

任务一 计算机的发展历程

任务引入

张山填报志愿时选择了与计算机相关的专业，虽然平时在生活中也会使用计算机，但是他知道计算机的功能很强大，远不止他目前所了解的那么简单。作为一名计算机相关专业的学生，张山迫切地想要了解计算机是如何诞生与发展的，计算机有哪些功能和分类，计算机的未来发展会怎样。

任务要求

本任务要求了解计算机的诞生及发展历程，认识计算机的特点、应用和分类，了解计算机的发展趋势等相关知识。

相关知识

1. 了解计算机的诞生及发展历程

17世纪，德国数学家莱布尼茨发明了二进制记数法。20世纪初，电子技术得到飞速发展：1904年，英国电机工程师弗莱明研制出真空二极管；1906年，美国福雷斯特发明了真空三极管。这些进程为计算机的诞生奠定了基础。

20世纪40年代，西方国家的工业技术发展迅猛，相继出现了雷达和导弹等高科技产品，原有的计算工具难以满足大量科技产品对复杂计算的需要，迫切需要在计算技术上有所突破。1943年，美国宾夕法尼亚大学教授约翰·莫奇利（John W. Mauchly）和其学生约翰·埃克特（John Presper Eckert）计划采用电子管（真空管）建造一台通用电子计算机。1946年2月，由美国宾夕法尼亚大学研制的世界上第一台通用电子计算机——电子数字积分计算机（electronic numerical integrator and computer, ENIAC）诞生了，如图1-1-1所示。

图1-1-1　世界上第一台通用电子计算机ENIAC

ENIAC的主要元件是电子管，每秒可完成约5 000次加法运算。ENIAC重达30 t，占地约170 m²，采用了约18 800个电子管、1 500个继电器、70 000个电阻器和10 000个电容器，功率约为150 kW。虽然ENIAC的体积庞大、性能不佳，但它的出现具有划时代的意义：它开创了电子技术发展的新时代——计算机时代。

同一时期，离散变量自动电子计算机（electronic discrete variable automatic computer, EDVAC）研制成功，这是当时理论上最快的计算机，其主要设计理论是采用二进制和存储程序工作方式。

从第一台计算机ENIAC诞生至今，计算机技术成为发展较快的现代技术之一。根据计算机所采用的物理器件，可以将计算机的发展划分为四个阶段，见表1-1-1。

表1-1-1　计算机发展的四个阶段

阶段	划分年代	采用的元器件	运算速度（每秒指令数）	主要特点	应用领域
第一代计算机	1946~1954年	电子管	几千~几万条	主存储器采用磁鼓，体积庞大、耗电量大、运行速度慢、可靠性较差、内存容量小	国防及科学研究工作
第二代计算机	1955~1964年	晶体管	几万~几十万条	主存储器采用磁芯，开始使用高级程序及操作系统，运算速度提高、体积减小	工程设计、数据处理
第三代计算机	1965~1970年	中小规模集成电路	几十万~几百万条	主存储器采用半导体存储器，集成度高、功能增强、价格下降	工业控制、数据处理
第四代计算机	1971年至今	大规模、超大规模集成电路	上千万~万亿条	计算机走向微型化，性能大幅度提高，软件越来越丰富，为其网络化创造了条件。同时，计算机逐渐走向人工智能化，并采用了多媒体技术，具有听、说、读、写等功能	工业、生活等各个方面

2. 认识计算机的特点、应用和分类

随着科学技术的发展，计算机已被广泛应用于各个领域，在人们的生活和工作中起着重要的作用。下面介绍计算机的特点、应用和分类。

1）计算机的特点

计算机主要有以下五个特点。

① 运算速度快。计算机的运算速度指的是计算机在单位时间内执行的指令条数，一般以每秒能执行多少条指令来描述。早期的计算机受技术手段的限制，运算速度较慢，随着集成电路技术的发展，计算机的运算速度得到飞速提升。目前世界上已经有运算速度超过每秒亿亿次的超级计算机。

② 计算精度高。计算机的计算精度取决于机器码的字长（二进制码），即常说的8位、16位、32位和64位等。机器码的字长越长，有效位数就越多，计算精度也就越高。

③ 逻辑判断准确。除了计算功能外，计算机还具有数据分析和逻辑判断能力，高级计算机还具有推理、诊断和联想等模拟人类思维的能力。因此，计算机俗称"电脑"。具有准确、可靠的逻辑判断能力是计算机能够实现自动化信息处理的重要保证。

④ 存储能力强大。计算机具有许多存储记忆载体，可以将运行的数据、指令程序和运算的结果存储起来，供计算机本身或用户使用，它还可即时输出文字、图像、声音和视频等各种信息。例如，要在一个大型图书馆使用人工查阅的方法查找图书可能会比较烦琐，而采用计算机管理后，所有图书及索引信息都被存储在计算机中，这时查找一本图书只需要几秒。

⑤ 自动化程度高。计算机内具有运算单元、控制单元、存储单元和输入/输出单元。计算机可以按照编写的程序（一组指令）实现工作自动化，不需要人为干预，而且可以反复执行。例如，企业生产车间及流水线管理中的各种自动化生产设备，正是因为它们植入了计算机控制系统，工厂生产自动化才得以实现。

除了以上主要特点外，计算机还具有可靠性高和通用性强等特点。

2）计算机的应用

在诞生初期，计算机主要应用于科研和军事等领域，负责的主要是大型的高科技研发活动。随着社会发展和科技进步，计算机的功能不断扩展，计算机在社会各个领域都得到了广泛应用。

计算机的应用可以概括为以下七个方面。

（1）科学计算

科学计算即通常所说的数值计算，是指利用计算机解决科学研究和工程设计中的数学问题。计算机不仅可以进行数字运算，还可以求解微积分方程及不等式。由于计算机运算速度较快，以往人工难以完成甚至无法完成的数值计算计算机都可以完成，如气象资料分析和卫星轨道测算等。目前，基于互联网的云计算甚至可以达到每秒10万亿次的超快运算速度。

（2）数据处理和信息管理

数据处理和信息管理是指使用计算机完成对大量数据的分析、加工和处理等工作。这些数据不仅包括"数"，还包括文字、图像和声音等数据形式。现代计算机运算速度快、存储容量大，因此它们在数据处理和信息管理方面的应用十分广泛，如企业的财务管理、事务管理、资料和人事档案的文字处理等。计算机在数据处理和信息管理方面的应用为实现办公自动化和管理自动化创造了有利条件。

（3）过程控制

过程控制又称实时控制，是指利用计算机对生产过程和其他过程进行自动监测，以及自动控制设备工作状态的一种控制方式，目前已广泛应用于各种工业环境中，还可以取代人在危险、有害的环境中作业。计算机作业不受疲劳等因素的影响，可完成大量有高精度和高速度要求的操作，从而节省大量的人力、物力，大大提高经济效益。

（4）人工智能

人工智能（artificial intelligence, AI）是指设计智能的计算机系统，让计算机具有人的智能特性，能模拟人类的智能活动，如"学习""识别图形和声音""推理过程""适应环境"等。目前，人工智能主要应用于智能机器人、机器翻译、医疗诊断、故障诊断、案件侦破和经营管理等方面。

（5）计算机辅助

计算机辅助又称计算机辅助工程应用，是指利用计算机协助人们完成各种设计工作。计算机辅助是目前正在迅速发展并不断取得成果的重要应用领域，主要包括计算机辅助设计（computer aided design, CAD）、计算机辅助制造（computer aided manufacturing, CAM）、计算机辅助工程（computer aided engineering, CAE）、计算机辅助教学（computer aided instruction, CAI）和计算机辅助测试（computer aided testing, CAT）等。

（6）网络通信

网络通信是指利用通信设备和线路将地理位置不同的、功能独立的多个计算机系统连接起来，从而形成计算机网络。随着互联网技术的快速发展，人们通过计算机网络可以在不同地区和国家间进行数据传递，并可以进行各种商务活动。

（7）多媒体技术

多媒体技术（multimedia technology）是指通过计算机对文字、数据、图形、图像、动画和声音等多种媒体信息进行综合处理和管理，用户可以通过多种感官与计算机进行实时信息交互的技术。多媒体技术拓宽了计算机的应用领域，使计算机被广泛应用于教育、广告宣传、视频会议、服务和文化娱乐等领域。

3）计算机的分类

计算机的种类非常多，划分的方法也有很多种。

按计算机的用途可将其分为专用计算机和通用计算机两种。其中，专用计算机是指为适应某种特殊需要而设计的计算机，如计算导弹弹道的计算机等。因为这类计算机都强化了计算机的某些特定功能，忽略了一些次要功能，所以有高速度、高效率、功能单一和专机专用等特点。通用计算机适用于一般科学运算、学术研究、工程设计和数据处理等领域，具有功能多、配置全、用途广和通用性强等特点。目前市场上销售的计算机大多属于通用计算机。

按计算机的性能、规模和处理能力，可以将计算机分为巨型机、大型机、中型机、小型机和微型机五类，具体介绍如下：

① 巨型机。巨型机又称超级计算机或高性能计算机，如图1-1-2所示。巨型机是速度最快、处理能力最强的计算机之一，是为满足特殊需要而设计的。巨型机多用于国家高科技领域和尖端技术研究，是一个国家科研实力的体现。现有巨型机的运算速度大多可以达到每秒1万亿次以上。

② 大型机。大型机又称大型主机，如图1-1-3所示。大型机的特点是运算速度快、存储容量大和通用性强，主要服务于计算量大、信息流通量大、通信需求大的用户，如银行、政府部门和大型企

业等。目前，生产大型机的公司主要有国际商业机器（International Business Machines, IBM）和富士通等。

图 1-1-2　巨型机

图 1-1-3　大型机

③ 中型机。中型机的性能低于大型机，其特点是处理能力强，适用于中小型企业和公司。

④ 小型机。小型机是指采用精简指令集处理器，性能和价格介于微型机和大型机之间的一种高性能64位计算机。小型机的特点是结构简单、可靠性高和维护费用低，适用于中小型企业。随着微型机的飞速发展，小型机被微型机取代的趋势已非常明显。

⑤ 微型机。微型机又称微型计算机，简称微机，是目前应用最普遍的机型。微型机价格便宜、功能齐全，被广泛应用于机关、学校、企业、事业单位和家庭。微型机按结构和性能可以划分为单片机、单板机、个人计算机（personal computer, PC）、工作站和服务器等。其中，个人计算机又可分为台式计算机和便携式计算机（如笔记本计算机）两类，分别如图1-1-4和图1-1-5所示。

图 1-1-4　台式计算机

图 1-1-5　便携式计算机

3. 了解计算机的发展趋势

下面从计算机的发展方向和未来新一代计算机芯片技术两个方面对计算机的发展趋势进行介绍。

1) 计算机的发展方向

计算机未来的发展呈现巨型化、微型化、网络化和智能化四大趋势。

① 巨型化。巨型化是指计算机的计算速度更快、存储容量更大、功能更强、可靠性更高。巨型化计算机的应用领域主要包括天文、天气预报、军事和生物仿真等。这些领域需进行大量的数据处理和运算，这些数据处理和运算只有性能足够强的计算机才能完成。

② 微型化。随着超大规模集成电路的进一步发展，个人计算机将更加微型化。膝上型、书本型、笔记本型和掌上型等微型化计算机将不断涌现，并会受到越来越多用户的喜爱。

③ 网络化。随着计算机的普及，计算机网络也逐步深入人们的工作和生活。人们通过计算机网络可以连接全球各地的计算机，然后共享各种分散的计算机资源。计算机网络逐渐成为人们工作和生活中不可或缺的事物，它可以让人们足不出户就获得大量的信息，并能与世界各地的人进行网络通信、网上贸易等。

④ 智能化。以前，计算机只能按照人的意愿和指令处理数据，而智能化的计算机能够代替人进行脑力劳动，具有类似人的智能，如能听懂人类的语言，能看懂各种图形，可以自己学习等。智能化的计算机可以进行知识处理，从而代替人的部分工作。未来的智能化计算机将会代替甚至超越人类在某些方面的脑力劳动。

2）未来新一代计算机的芯片技术

计算机的核心部件是芯片，计算机芯片技术的不断发展是推动计算机未来发展的动力。几十年来，计算机芯片的集成度严格按照摩尔定律发展，不过该技术的发展并不是无限的。计算机采用电流作为数据传输的载体，而电流主要靠电子的迁移产生，电子基本的通路是原子。由于晶体管计算机存在物理极限，因此世界上许多国家在很早的时候就开始了各种非晶体管计算机的研究，如DNA生物计算机、光计算机、量子计算机等。这类计算机也被称为第五代计算机或新一代计算机，它们能在更大程度上模仿人类的智能，这类技术也是目前世界各国计算机技术研究的重点。

① DNA生物计算机。DNA生物计算机以脱氧核糖核酸（deoxyribo nucleic acid, DNA）作为基本的运算单元，通过控制DNA分子间的生化反应完成运算。DNA生物计算机具有体积小、存储容量大、运算快、耗能低、并行性强等优点。

② 光计算机。光计算机是以光作为载体进行信息处理的计算机。光计算机的优点有：光器件的带宽非常大，能传输和处理的信息量极大；信息传输过程中的畸变和失真小，运算速度快；光传输和转换时，能量消耗极低等。

③ 量子计算机。量子计算机是遵循物理学的量子规律进行数学计算和逻辑计算，并进行信息处理的计算机。量子计算机具有运算速度快、存储容量大、功耗低等优点。

任务二　计算机的系统组成

任务引入

随着计算机的逐渐普及，使用的人也越来越多，张山购买了一台计算机，但他并不是很了解计算机是如何工作的、计算机内部的硬件结构是怎么样的、计算机的软件程序有哪些。负责给他组装计算机的小伙子告诉他，新买的计算机中除了已安装操作系统软件外，其他软件暂时都没有安装，可以在需要时再安装。

任务要求

本任务要求认识计算机的基本结构，对计算机的各组成硬件，如主机及主机内部的硬件、显示器、键盘和鼠标等有一个基本的认识和了解；了解计算机软件的定义，认识系统软件的种类，并了解有哪些常用的应用软件。

 相关知识

1. 了解计算机的基本结构

尽管各种计算机在性能和用途等方面都有所不同，但是其基本结构都遵循冯·诺依曼体系结构，因此人们便将符合这种设计的计算机称为冯·诺依曼计算机。

冯·诺依曼计算机主要由运算器、控制器、存储器、输入设备和输出设备五个部分组成，这五个组成部分的职能和相互关系如图1-2-1所示。从图中可知，计算机工作的核心是控制器、运算器和存储器三个部分。其中，控制器是计算机的指挥中心，它根据程序执行每一条指令，并向存储器、运算器以及输入/输出设备发出控制信号，控制计算机自动地、有条不紊地进行工作；运算器在控制器的控制下对存储器中所提供的数据进行各种算术运算（加、减、乘、除）、逻辑运算（与、或、非）和其他处理（存数、取数等），控制器与运算器构成了中央处理器（central processing unit，CPU），被称为"计算机的心脏"；存储器是计算机的记忆装置，它以二进制的形式存储程序和数据，可以分为外存储器和内存储器，内存储器是影响计算机运行速度的主要因素之一，外存储器主要有光盘、硬盘和U盘等，存储器中能够存放的最大信息数量称为存储容量，常见的存储单位有KB、MB、GB和TB等。

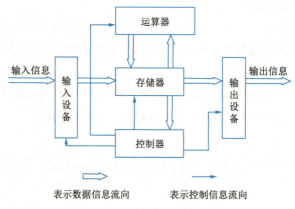

图1-2-1 计算机的基本结构

输入设备是计算机中重要的人机接口，用于接收用户输入的命令和程序等信息，以及负责将命令转换成计算机能够识别的二进制代码，并放入内存中。输入设备主要包括键盘和鼠标等。输出设备用于将计算机处理的结果以人们可以识别的信息形式输出。常用的输出设备有显示器和打印机等。

计算机系统由硬件系统和软件系统两部分组成。在一台计算机中，硬件和软件两者缺一不可，如图1-2-2所示。计算机软、硬件之间是一种相互依靠、相辅相成的关系，如果没有软件，计算机便无法正常工作（通常将没有安装任何软件的计算机称为"裸机"）；反之，如果没有硬件的支持，计算机软件便没有运行的环境，再优秀的软件也无法把它的性能体现出来。因此，计算机硬件是计算机软件的物质基础，计算机软件必须建立在计算机硬件的基础上才能运行。

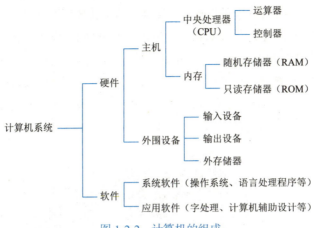

图 1-2-2　计算机的组成

2. 认识计算机的硬件系统

计算机硬件是指计算机中看得见、摸得着的一些实体设备。从外观上看，微型计算机主要由主机、显示器、鼠标和键盘等部分组成。其中，主机背面有许多插孔和接口，用于接通电源和连接键盘、鼠标等外设；而主机箱内包括光驱、CPU、主板、内存和硬盘等硬件。图1-2-3所示为微型计算机的外观组成和主机内部硬件。

下面将按类别分别对微型计算机的主要硬件进行详细介绍。

1）微处理器

微处理器是由一片或几片大规模集成电路组成的CPU，这些电路执行控制部件和算术逻辑部件的功能。CPU既是计算机的指令中枢，也是系统的最高执行单位，如图1-2-4所示。CPU主要负责指令的执行，作为计算机系统的核心组件，在计算机系统中占有举足轻重的地位，也是影响计算机系统运算速度的重要因素。目前，CPU的生产厂商主要有Intel、AMD、威盛（VIA）和龙芯（Loongson），市场上主要销售的CPU产品是Intel和AMD。

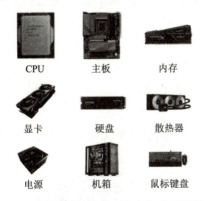

图 1-2-3　计算机的外观和主机内部硬件

图 1-2-4　CPU

2）主板（mainboard）

主板又称"母板（motherboard）"或"系统板（systemboard）"，它是机箱中最重要的电路板，如图1-2-5所示。主板上布满了各种电子元器件、插座、插槽和各种外部接口，它可以为计算机的所有部件提供插槽和接口，并通过其中的线路统一协调所有部件的工作。主板上主要的芯片包括基本输入/输出系统（BIOS）芯片和南北桥芯片。其中，BIOS芯片是一块矩形的存储器，里面存有与该主板搭配的基本输入/输出系统程序，能够让主板识别各种硬件，还可以设置引导系统的设备和调整CPU外频等；南北桥芯片通常由南桥芯片和北桥芯片组成，南桥芯片主要负责处理硬盘等存储设备和PCI总线之间的数据流通，北桥芯片主要负责处理CPU、内存和显卡三者间的数据流通。

图1-2-5　主板

3）总线

总线（bus）是计算机各种功能部件之间传送信息的公共通信干线，主机的各个部件通过总线相连接，外围设备通过相应的接口电路与总线相连接，从而形成了计算机硬件系统，因此总线被形象地比喻为"高速公路"。按照计算机所传输的信息类型，总线可以划分为数据总线、地址总线和控制总线，分别用来传输数据、地址信息和控制信息。

① 数据总线。数据总线用于在CPU与随机存取存储器（random access memory, RAM）之间来回传输需处理、存储的数据。

② 地址总线。地址总线上传输的是CPU向存储器、输入/输出（I/O）接口设备发出的地址信息。

③ 控制总线。控制总线用来传输控制信息，这些控制信息包括CPU对内存和输入/输出接口的读写信号、输入/输出接口对CPU提出的中断请求等信号、CPU对输入/输出接口的回答与响应信号、输入/输出接口的各种工作状态信号和其他各种功能控制信号。

目前，常见的总线标准有ISA总线、PCI总线、AGP总线和EISA总线。

4）内存

计算机中的存储器包括内存储器和外存储器两种，其中，内存储器又称主存储器，简称"内存"。内存是计算机中用来临时存放数据的地方，也是CPU处理数据的中转站，内存的容量和存取速度直接影响CPU处理数据的速度。图1-2-6所示为内存条。内存主要由内存芯片、电路板和金手指等部分组成。

从工作原理上说，内存一般采用半导体存储单元，包括RAM、只读存储器（read only memory, ROM）和高速缓冲存储器

图1-2-6　内存条

（cache）。平常所说的内存通常是指RAM，它既可以从中读取数据，也可以写入数据，当计算机电源关闭时，存于其中的数据会丢失；ROM的信息只能读出，一般不能写入，即使停电，这些数据也不会丢失，如 BIOS ROM；高速缓冲存储器是指介于CPU与内存之间的高速存储器，通常由静态随机存取存储器（static random access memory, SRAM）构成。

内存按工作性能分类主要有DDR SDRAM、DDR2、DDR3、DDR4和DDR5等。目前，市场上的主流内存为DDR4和DDR5，其数据传输能力要比DDR2强大，能够达到2 000 MHz的频率；内存容量一般为2 GB和4 GB。一般而言，内存容量越大，越有利于系统的运行。

5）外存

外存储器简称"外存"，是指除计算机内存及CPU缓存以外的存储器，此类存储器一般断电后仍然能保存数据，常见的外存储器有硬盘、光盘和可移动存储设备（如U盘等）。

① 硬盘。硬盘（见图1-2-7）是计算机中最大的存储设备，通常用于存放永久性的数据和程序。硬盘的内部结构比较复杂，主要由主轴电动机、盘片、磁头和传动臂等部件组成。在硬盘中通常将磁性物质附着在盘片上，并将盘片安装在主轴电动机上，当硬盘开始工作时，主轴电动机将带动盘片一起转动，在盘片表面的磁头将在电路和传动臂的控制下进行移动，并将指定位置的数据读取出来，或将数据存储到指定的位置。硬盘容量是选购硬盘的主要性能指标之一，包括总容量、单碟容量和盘片数三个参数，其中，总容量是表示硬盘能够存储多少数据的一项重要指标，通常以GB为单位，目前主流的硬盘容量从500 GB到16 TB不等。此外，通常按照硬盘接口的类型对其进行分类，主要有 ATA 和SATA两种接口类型。

② 光盘。光盘驱动器简称"光驱"（见图1-2-8），光驱用来存储数据的介质称为光盘，光盘以光信息作为存储的载体并用来存储数据，其特点是容量大、成本低和保存时间长。光盘可分为不可擦写光盘（即只读型光盘，如CD-ROM、DVD-ROM等）、可擦写光盘（如CD-RW、DVD-RAM等）。目前，CD光盘的容量约700 MB，DVD光盘的容量约4.7 GB。

③ 可移动存储设备。可移动存储设备包括移动USB盘（简称"U盘"）和移动硬盘等，这类设备即插即用，容量也能满足人们的需求，是计算机必不可少的附属配件。图1-2-9所示为U盘。

图 1-2-7 硬盘

图 1-2-8 光驱

图 1-2-9 优盘

6）输入设备

输入设备是向计算机输入数据和信息的设备，是用户和计算机系统之间进行信息交互的主要装置，用于将数据、文本和图形等转换为计算机能够识别的二进制代码并将其输入计算机。键盘、鼠标、摄像头、扫描仪、光笔、手写输入板、游戏杆和语音输入装置等都属于输入设备。下面介绍常用的三种输入设备。

① 鼠标。鼠标是计算机的主要输入设备之一，因为其外形与老鼠类似，所以被称为"鼠标"。根据鼠标按键，可以将鼠标分为三键鼠标和两键鼠标；根据鼠标的工作原理，可以将其分为机械鼠标和光电鼠标。另外，鼠标还可分为无线鼠标和轨迹球鼠标。

② 键盘。键盘是计算机的另一种主要输入设备，是用户和计算机进行交流的工具，可以直接向计算机输入各种字符和命令，简化计算机的操作。不同生产厂商所生产出的键盘型号各不相同，目前常用的键盘有107个键位。

③ 扫描仪。扫描仪是利用光电技术和数字处理技术，以扫描方式将图形或图像信息转换为数字信号的设备，其主要功能是文字和图像的扫描输入。

7）输出设备

输出设备是计算机硬件系统的终端设备，用于将各种计算结果数据或信息转换成用户能够识别的数字、字符、图像和声音等形式。常见的输出设备有显示器、打印机、绘图仪、影像输出系统、语音输出系统和磁记录设备等。下面介绍常用的四种输出设备。

① 显示器。显示器是计算机的主要输出设备，其作用是将显卡输出的信号（模拟信号或数字信号）以肉眼可见的形式表现出来。它可以分为CRT显示器（阴极射线管的显示器）、LCD显示器（液晶显示器）、LED显示器、等离子显示器等。

② 音箱。音箱是一种音频设备，可直接连接到声卡的音频输出接口中，并将声卡传输的音频信号输出为人们可以听到的声音。

③ 打印机。打印机也是计算机常见的一种输出设备，在办公中会经常用到，其主要功能是将文字和图像进行输出。

④ 耳机。耳机是一种音频设备，它接收媒体播放器或接收器所发出的信号，并利用贴近耳朵的扬声器将其转化成可以听到的声波。

3. 认识计算机的软件系统

计算机软件（computer software）简称软件，是指计算机系统中的程序及其文档。程序是对计算任务的处理对象和处理规则的描述，是按照一定顺序执行的，能够完成某一任务的指令集合；而文档则是为了便于了解程序所需的说明性资料。

计算机之所以能够按照用户的要求运行，是因为计算机采用了程序设计语言（计算机语言），该语言是人与计算机之间沟通时需要使用的语言，用于编写计算机程序，计算机可通过该程序控制其工作流程，从而完成特定的设计任务。可以说，程序设计语言是计算机软件的基础和组成部分。

计算机软件总体分为系统软件和应用软件两大类。

1）系统软件

系统软件控制和协调计算机及外围设备，支持应用软件开发和运行，其主要功能是调度、监控和维护计算机系统，同时负责管理计算机系统中各种独立的硬件，使它们可以协调工作。系统软件是应用软件运行的基础，所有应用软件都是在系统软件上运行的。

系统软件主要分为操作系统、语言处理程序、数据库管理系统和系统辅助处理程序等，具体介绍如下：

① 操作系统。操作系统（operating system, OS）是计算机系统的指挥调度中心，它可以为各种程序提供运行环境。常见的操作系统有 DOS、Windows、UNIX 和 Linux 等，如本书项目二将要学习的 Windows 10 就是一个操作系统。

② 语言处理程序。语言处理程序是为用户设计的编程服务软件，用来编译、解释和处理各种程序所使用的计算机语言，是人与计算机相互交流的一种工具，包括机器语言、汇编语言和高级语言三种。计算机只能直接识别和执行机器语言，因此，要在计算机上运行高级语言程序就必须配备程序语言翻译程序，翻译程序本身是一组程序，不同的高级语言都有相应的翻译程序。

③ 数据库管理系统。数据库管理系统（database management system, DBMS）是一种操作和管理数据库的大型软件，是位于用户和操作系统之间的数据管理软件，也是用于建立、使用和维护数据库的管理软件，把不同性质的数据组织起来，以便能够有效地查询、检索和管理这些数据。常用的数据库管理系统有 SQL Server、Oracle 和 Access 等。

④ 系统辅助处理程序。系统辅助处理程序又称软件研制开发工具或支撑软件，主要有编辑程序、调试程序、装备程序和连接程序等，这些程序的作用是维护计算机的正常运行，如 Windows 操作系统中自带的磁盘整理程序等。

2）应用软件

应用软件是指一些具有特定功能的软件，是为解决各种实际问题而编制的程序，认识应用软件包括各种程序设计语言，以及用各种程序设计语言编写的应用程序。计算机中的应用软件种类繁多，这些软件能够帮助用户完成特定的任务，如要编辑一篇文章可以使用 Word，要制作一份报表可以使用 Excel，这类软件都属于应用软件。表 1-2-1 所示为一些主要应用领域的应用软件，用户可以结合工作或生活的需要进行选择。

表1-2-1 常见应用软件

软件种类	举例
办公软件	Microsoft Office、WPS Office
图形处理与设计	Photoshop、3ds Max、AutoCAD
程序设计	Visual Studio、Java、C/C++、Python
图文浏览软件	ACDSee、Adobe Reader、超星图书阅览器、ReadBook
翻译与学习	金山词霸、金山快译和金山打字通
多媒体播放和处理	Windows Media Player、酷狗音乐、会声会影、Premiere
网站开发	Dreamweaver、Flash
磁盘分区	Fdisk、Partition Magic
数据备份与恢复	Norton Ghost、Final Data、Easy Recovery
网络通信	腾讯QQ、Foxmail、微信
上传与下载	CuteFTP、FlashGet、迅雷
计算机病毒防护	金山毒霸、360杀毒、木马克星

任务三　计算机的数制和信息编码

任务引入

张山知道利用计算机技术可以采集、存储和处理各种信息，也可以将这些信息转换成用户可以识别的文字、音频或视频进行输出。然而让张山疑惑的是，这些信息在计算机内部又是如何表示的呢？该如何对信息进行量化呢？张山认为，只有学习好这方面的知识，才能更好地使用计算机。

任务要求

本任务要求认识计算机中的数据及其单位，了解数制及其转换，了解二进制数的运算，了解计算机中字符的编码规则，了解多媒体技术的相关知识。

相关知识

1. 认识计算机中的数据及其单位

在计算机中，各种信息都是以数据的形式呈现的。数据经过处理后产生的结果为信息，因此数据是计算机中信息的载体。数据本身没有意义，只有经过处理和描述才能有实际意义。如单独一个数据"32 ℃"并没有什么实际意义，但将其描述为"今天的气温是32 ℃"时，这条信息就有意义了。

计算机中处理的数据可分为数值数据和非数值数据（如字母、汉字和图形等）两大类，无论是什么类型的数据，它们在计算机内部都是以二进制代码的形式存储和参与运算的。计算机在与外部"交流"时会采用人们熟悉和便于阅读的形式表示数据，如十进制数据、文字和图形等，它们之间的转换由计算机系统完成。

在计算机内存储和运算数据时，通常要涉及的数据单位有以下三种。

① 位（bit）。计算机中的数据都以二进制代码来表示，二进制只有"0"和"1"两个数码，采用多个数码（0和1的组合）来表示一个数。其中一个数码称为一位，位是计算机中最小的数据单位。

② 字节（byte，B）。字节是计算机中信息组织和存储的基本单位，也是计算机体系结构的基本单位。在对二进制代码进行存储时，8位二进制代码为一个单元存放在一起，称为1字节，即1 B=8 bit。在计算机中，通常用B、KB（千字节）、MB（兆字节）、GB（吉字节）或TB（太字节）为单位来表示存储器（如内存、硬盘和U盘等）的存储容量或文件的大小。存储容量是指存储器中能够容纳的字节数。存储单位B、KB、MB、GB和TB的换算关系如下：

1 KB（千字节）=1 024 B（字节）=2^{10} B（字节）

1 MB（兆字节）=1 024 KB（千字节）=2^{20} B（字节）

1 GB（吉字节）=1 024 MB（兆字节）=2^{30} B（字节）

1 TB（太字节）=1 024 GB（吉字节）=2^{40} B（字节）

③ 字长。人们将计算机一次能够并行处理的二进制代码的位数称为字长。字长是衡量计算机性能的一个重要指标，字长越长，数据所包含的位数越多，计算机的数据处理速度越快。计算机的字

长通常是字节的整倍数,如8位、16位、32位、64位和128位等。

2. 了解数制及其转换

数制是指用一组固定的符号和统一的规则来表示数值的方法。其中,按照进位方式计数的数制称为进位计数制。在日常生活中,人们习惯用的进位计数制是数制及其转换十进制,而计算机则使用二进制;除此以外,还有八进制和十六进制等。顾名思义,二进制就是逢二进一的数字表示方法;依此类推,十进制就是逢十进一,八进制就是逢八进一等。

进位计数制中每个数码的数值大小不仅取决于数码本身,还取决于该数码在数中的位置。例如,十进制数828.41,整数部分的第1个数码"8"处在百位,表示800;第2个数码"2"处在十位,表示20;第3个数码"8"处在个位,表示8;小数点后第1个数码"4"处在十分位,表示0.4;小数点后第2个数码"1"处在百分位,表示0.01。也就是说,处在不同位置的数码所代表的数值是不同的,数码在一个数中的位置称为数制的数位;数制中数码的个数称为数制的基数,十进制数有0、1、2、3、4、5、6、7、8、9共10个数码,其基数为10;在每个数位上的数码符号所代表的数值等于该数位上的数码乘以一个固定值,该固定值称为数制的位权数,数码所在的数位不同,其位权数也有所不同。

无论在何种进位计数制中,数值都可写成按位权展开的形式,如十进制数828.41可写成:

$$828.41 = 8 \times 100 + 2 \times 10 + 8 \times 1 + 4 \times 0.1 + 1 \times 0.01$$

或者:

$$828.41 = 8 \times 10^2 + 2 \times 10^1 + 8 \times 10^0 + 4 \times 10^{-1} + 1 \times 10^{-2}$$

上式为数值按位权展开的表达式,其中,10称为十进制数的位权数,其基数为10,使用不同的基数,便可得到不同的进位计数制。设 R 表示基数,则称为 R 进制,使用 R 个基本的数码,R 就是位权,其加法运算规则是"逢 R 进一",任意一个 R 进制数 D 均可以展开表示为

$$(D)_R = \sum_{i=-m}^{n-1} K_i \times R^i$$

式中,K_i 为第 i 位的数码,可以为0,1,2,…,$R-1$中的任何一个数,R^i 表示第 i 位的权。计算机中常用的几种进位计数制的表示见表1-3-1。

表1-3-1 计算机中常用的几种进位计数制的表示

进位制	基数	基本符号(采用的数码)	权	形式表示
二进制	2	0、1	2^i	B
八进制	8	0、1、2、3、4、5、6、7	8^i	O
十进制	10	0、1、2、3、4、5、6、7、8、9	10^i	D
十六进制	16	0、1、2、3、4、5、6、7、8、9、A、B、C、D、E、F	16^i	H

通过表1-3-1可知,对于数据4A9E,从使用的数码可以判断出其为十六进制数。而对于数据492,如何判断其属于哪种数制呢?在计算机中,为了区分不同进制的数,可以用括号加数制基数下标的方式表示不同数制的数,例如,$(492)_{10}$ 表示十进制数,$(1001.1)_2$ 表示二进制数,$(4A9E)_{16}$ 表示十六进制数;也可以用带有字母的形式分别表示为 $(492)_D$、$(1001.1)_B$ 和 $(4A9E)_H$。在程序设计中,为了区分不同进制的数,常在数字后直接加英文字母后缀来区别,如492D、1001.1B等。

表1-3-2所示为上述几种常用数制的对照关系表。

表1-3-2 常用数制的对照关系表

十进制数	二进制数	八进制数	十六进制数
0	0000	0	0
1	0001	1	1
2	0010	2	2
3	0011	3	3
4	0100	4	4
5	0101	5	5
6	0110	6	6
7	0111	7	7
8	1000	10	8
9	1001	11	9
10	1010	12	A
11	1011	13	B
12	1100	14	C
13	1101	15	D
14	1110	16	E
15	1111	17	F

下面具体介绍四种常用数制之间的转换方法。

1）非十进制数转换为十进制数

将二进制数、八进制数和十六进制数转换成十进制数时，只需用相应数制的各位数码乘各自对应的位权，然后将乘积相加。用按位权展开的方法即可得到对应的结果。

① 将二进制数$(10110)_2$转换成十进制数。

将二进制数$(10110)_2$按位权展开，转换过程如下：

$(10110)_2=(1 \times 2^4+0 \times 2^3+1 \times 2^2+1 \times 2^1+0 \times 2^0)_{10}=(16+4+2)_{10}=(22)_{10}$

② 将八进制数$(232)_8$转换成十进制数。

将八进制数$(232)_8$按位权展开，转换过程如下：

$(232)_8=(2 \times 8^2+3 \times 8^1+2 \times 8^0)_{10}=(128+24+2)_{10}=(154)_{10}$

③ 将十六进制数$(232)_{16}$转换成十进制数。

将十六进制数$(232)_{16}$按位权展开，转换过程如下：

$(232)_{16}=(2 \times 16^2+3 \times 16^1+2 \times 16^0)_{10}=(512+48+2)_{10}=(562)_{10}$

2）十进制数转换成其他进制数

将十进制数转换成二进制数、八进制数和十六进制数时，可将数值分成整数部分和小数部分，分别转换后拼接起来。

例如，将十进制数转换成二进制数时，整数部分采用"除2取余倒读"法，即将该十进制数的整数部分除以2，得到一个商和余数（K_0），再将商除以2，得到一个新的商和余数（K_1），如此反复，直到商为0时得到余数（K_{n-1}）。然后将各次得到的余数以最后一次的余数为最高位，最初一次的余数为最低位依次排列，即$K_{n-1}\cdots K_1K_0$，这就是该十进制数整数部分对应的二进制。

小数部分采用"乘2取整正读"法，即将十进制数的小数部分乘2，取乘积中的整数部分作为相应二进制小数点后的最高位K_{-1}，取乘积中的小数部分反复乘2，逐次得到$K_{-2},K_{-3},\cdots,K_{-m}$，直到乘积中的小数部分为0或位数达到所需的精度要求，然后把每次乘积所得的整数部分由上而下（即从小数点往右）依次排列起来（$K_{-1}K_{-2}\cdots K_{-m}$），得到所求的二进制数的小数部分。

同理，将十进制数转换成八进制数时，整数部分除8取余，小数部分乘8取整。将十进制数转换成十六进制数时，整数部分除16取余，小数部分乘16取整。

下面将十进制数$(225.625)_{10}$转换成二进制数。

用"除2取余倒读"法对整数部分进行转换，再用"乘2取整正读"法对小数部分进行转换，转换过程如下：

$(225.625)_{10}=(11100001.101)_2$

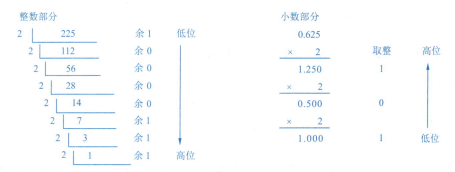

3）二进制数转换成八进制数、十六进制数

（1）二进制数转换成八进制数

二进制数转换成八进制数采用的转换原则是"3位分一组"，即以小数点为界，整数部分从右向左每3位为一组，若最后一组不足3位，则在最高位左边添0补足3位，然后将每组中的二进制数按权相加，得到对应的八进制数。小数部分从左向右每3位分为一组，最后一组不足3位时，在最低位右边添0补足3位，然后按照顺序写出每组二进制数对应的八进制数即可。

将二进制数$(1101001.101)_2$转换为八进制数，转换过程如下：

二进制数　　001　　101　　001　．　101
八进制数　　　1　　　5　　　1　．　　5

得到的结果为$(1101001.101)_2=(151.5)_8$。

（2）二进制数转换成十六进制数

二进制数转换成十六进制数采用的转换原则与转换成八进制数的类似，采用的转换原则是"4位分一组"，即以小数点为界，整数部分从右向左、小数部分从左向右每4位一组，不足4位时添0补齐即可。

将二进制数(101110011000111011)$_2$转换为十六进制数,转换过程如下:

二进制数　　　0010　　　1110　　　0110　　　0011　　　1011

十六进制数　　　2　　　　E　　　　6　　　　3　　　　B

得到的结果为(101110011000111011)$_2$=(2E63B)$_{16}$。

4)八进制数、十六进制数转换成二进制数

(1)八进制数转换成二进制数

八进制数转换成二进制数的转换原则是"一分为三",即从八进制数的低位开始,将每一位上的八进制数写成对应的3位二进制数。如有小数部分,则从小数点开始,按上述方法分别向左、右两边进行转换。

将八进制数(162.4)$_8$转换为二进制数,转换过程如下:

八进制数　　　1　　　6　　　2　　　.　　　4

二进制数　　　001　　110　　010　　.　　100

得到的结果为(162.4)$_8$=(001110010.100)$_2$。

(2)十六进制数转换成二进制数

十六进制数转换成二进制数的转换原则是"一分为四",即把每一位上的十六进制数写成对应的4位二进制数即可。

将十六进制数(3B7D)$_{16}$转换为二进制数,转换过程如下:

十六进制数　　　3　　　　B　　　　7　　　　D

二进制数　　　0011　　　1011　　　0111　　　1101

得到的结果为(3B7D)$_{16}$=(0011101101111101)$_2$。

3. 了解二进制数的运算

计算机内部采用二进制数表示数据,主要原因是其技术实现简单、易于转换。二进制数的运算规则简单,可以方便地应用于逻辑代数分析和计算机的逻辑电路设计等。下面将对二进制数的算术运算和逻辑运算进行简要介绍。

1)二进制数的算术运算

二进制数的算术运算也就是通常所说的四则运算,包括加、减、乘、除,运算规则比较简单,具体规则如下:

① 加法运算。按"逢二进一"法,向高位进位,运算规则为0+0=0、0+1=1、1+0=1、1+1=10。例如:

(10011.01)$_2$+(100011.11)$_2$=(110111.00)$_2$

② 减法运算。减法运算实质上是加上一个负数,主要应用于补码运算,运算规则为:0-0=0、1-0=1、0-1=1(向高位借位,结果本位为1)、1-1=0。例如:

(110011)$_2$-(001101)$_2$=(100110)$_2$

③ 乘法运算。乘法运算与常见的十进制数对应的乘法运算类似,运算规则为0×0=0、1×0=0、0×1=0、1×1=1。例如:

(1110)$_2$×(1101)$_2$=(10110110)$_2$

④ 除法运算。除法运算也与十进制数对应的除法运算类似，运算规则为 0÷1=0、1÷1=1，而 0÷0和1÷0是无意义的。例如：

$(1101.1)_2 ÷ (110)_2 = (10.01)_2$

2）二进制数的逻辑运算

计算机采用的二进制数1和0可以代表逻辑运算中的"真"与"假"、"是"与"否"和"有"与"无"。二进制数的逻辑运算包括"与""或""非""异或"四种，具体介绍如下：

① "与"运算。"与"运算又称逻辑乘，通常用符号"×""∧""·"来表示。其运算规则为 0∧0=0、0∧1=0、1∧0=0、1∧1=1。通过上述运算规则可以看出，当两个参与运算的数中有一个数为0时，其结果就为0；只有两个数的数值都为1，其结果才为1，即所有的条件都符合时，逻辑结果才为肯定值。

② "或"运算。"或"运算又称逻辑加，通常用符号"+"或"∨"来表示。其运算规则为 0∨0=0、0∨1=1、1∨0=1、1∨1=1。该运算规则表明，只要有一个数为1，运算结果就是1。例如，假定某个公益组织规定加入该组织的成员可以是女性或慈善家，那么只要符合其中任意一个条件或两个条件都符合，就可加入该组织。

③ "非"运算。"非"运算又称逻辑否运算，通常通过在逻辑变量上加一道横线来表示，如变量为A，其非运算结果用 $\overline{A}$ 表示。"非"运算的规则为 $\overline{0}=1$、$\overline{1}=0$。例如，假定A变量表示男性，$\overline{A}$ 就表示非男性。

④ "异或"运算。"异或"运算通常用符号"⊕"表示，其运算规则为 0⊕0=0、0⊕1=1、1⊕0=1、1⊕1=0。该运算规则表明，当逻辑运算中变量的值不同时，结果为1；当变量的值相同时，结果为0。

4. 了解计算机中字符的编码规则

编码就是利用0和1这两个代码的不同长度表示不同信息的一种约定方式。由于计算机是以二进制编码的形式存储和处理数据的，因此只能识别二进制编码信息。数字、字母、符号、汉字、语音和图形等信息都要通过特定规则进行二进制编码后才能被计算机识别。西文与中文字符由于形式不同，使用的编码也不同。

1）西文字符的编码

计算机对西文字符进行编码时，通常采用ASCII和Unicode两种编码。

① ASCII。美国信息交换标准代码（American Standard Code for Information Interchange, ASCII）是基于拉丁字母的一套编码系统，主要用于显示现代英语和其他西欧语言，它被国际标准化组织指定为国际标准（ISO 646标准）。标准ASCII使用7位二进制编码表示所有的大写和小写字母、数字0~9、标点符号，以及在美式英语中使用的特殊控制字符，共有2^7=128个不同的编码值，可以表示128个不同字符的编码。其中，低4位编码$b_3b_2b_1b_0$用作行编码，高3位$b_6b_5b_4$用作列编码。在128个不同字符的编码中，95个编码对应键盘上的符号或其他可显示或打印的字符，另外33个编码被用作控制码，用于控制计算机某些外围设备的工作情况和某些计算机软件的运行情况。例如，字母A的编码为二进制数1000001，对应十进制数65或十六进制数41，详见表1-3-3。

表1-3-3 标准7位ASCII码

低4位 $b_3b_2b_1b_0$	高3位 $b_6b_5b_4$							
	000	001	010	011	100	101	110	111
0000	NUL	DLE	SP	0	@	P	`	p
0001	SOH	DC1	!	1	A	Q	a	q
0010	STX	DC2	"	2	B	R	b	r
0011	ETX	DC3	#	3	C	S	c	s
0100	EOT	DC4	$	4	D	T	d	t
0101	ENQ	NAK	%	5	E	U	e	u
0110	ACK	SYN	&	6	F	V	f	v
0111	BEL	ETB	'	7	G	W	g	w
1000	BS	CAN	(	8	H	X	h	x
1001	HT	EM	)	9	I	Y	i	y
1010	LF	SUB	*	:	J	Z	j	z
1011	VT	ESC	+	;	K	[	k	{
1100	FF	FS	,	<	L	\	l	|
1101	CR	GS	-	=	M	]	m	}
1110	SO	RS	.	>	N	^	n	~
1111	SI	US	/	?	O	_	o	DEL

② Unicode。Unicode也是一种国际标准编码，采用2字节编码，几乎能够表示世界上所有的书写语言中可能用于计算机通信的文字和其他符号。目前，Unicode在网络、Windows操作系统和大型软件中得到广泛应用。

2）汉字的编码

在计算机中，汉字信息的传播和交换必须通过统一的编码才不会造成混乱和差错。因此，计算机中处理的汉字是包含在国家或国际组织制定的汉字字符集中的汉字，常用的汉字字符集包括GB 2312、GB 18030、GBK和CJK编码等。为了使每个汉字有统一的代码，我国于1980年颁布了汉字编码的国家标准，即GB/T 2312—1980《信息交换用汉字编码字符集 基本集》。这个字符集是目前国内所有汉字系统的统一标准。

汉字的编码方式主要有以下四种。

① 输入码。输入码又称外码，是为了将汉字输入计算机而设计的代码，包括音码、形码和音形码等。

② 区位码。将GB 2312字符集放置在一个94行（每一行称为"区"）、94列（每一列称为"位"）的方阵中，将方阵中每个汉字对应的区号和位号组合起来就可以得到该汉字的区位码。区位码用4位数字编码表示，前两位称为区码，后两位称为位码，如汉字"中"的区位码为5448。

③ 国标码。国标码采用2字节表示一个汉字，将汉字区位码中的十进制区码和位码分别转换成十六进制数，再分别加上20H，就可以得到国标码。例如，"中"字的区位码为5448，区码54对应的

十六进制数为36，加上20H，即为56H，位码48对应的十六进制数为30，加上20H，即为50H，所以"中"字的国标码为5650H。

④ 机内码。在计算机内部进行存储与处理使用的代码称为机内码。对汉字系统来说，汉字机内码规定在汉字国标码的基础上，每字节的最高位为1，每字节的低7位为汉字信息。将国标码的2字节编码分别加上80H（即10000000B），便可以得到机内码，如汉字"中"的机内码为D6D0H。

项目二
Windows 10 操作系统应用

  Windows 10是微软公司在Windows 7和Windows 8系统优点的基础上，研发推出的新一代跨平台操作系统，可用于平板电脑、计算机等，Windows 10的安全性及易用性比Windows 7和Windows 8都有了极大的提升，还有很多新的功能和特性，本项目将对怎样设置Windows 10、个人桌面的定制、文件与文件夹管理、系统设置等进行全面系统的介绍。

本章知识导图

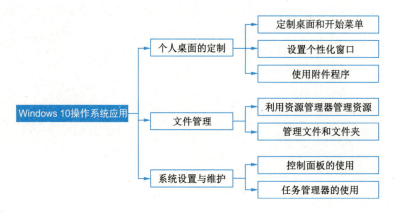

学习目标

了解：

  Windows10桌面；

  Windows10窗口；

  Windows10的设置；

  附件的功能；

项目二　Windows 10 操作系统应用

系统的设置；

文件与文件夹的定义及管理。

·理解：

桌面及窗口的组成；

添加、删除快捷图标及系统图标；

利用资源管理器管理文件；

创建、删除文件与文件夹；

控制面板的使用；

任务管理器的使用。

·应用：

设置桌面背景、桌面图标、系统的主题色；

添加常用的系统图标、更改图标样式；

创建、删除桌面快捷方式图标；

文件及文件夹管理；

任务管理器的使用。

·分析：

通过学习本项目内容，学会定制桌面和"开始"菜单，学会对文件及文件夹的管理，以直观、优美的形式呈现出来。

·养成：

根据自己的喜好、工作需求，设置个性、优美、简洁、大方的计算机桌面。

●●●● 任务一　个人桌面的定制 ●●●●

任务引入

在当今互联网时代，计算机成了日常办公的重要工具，一个整齐有序的桌面对提高工作效率起着至关重要的作用，对于当代大学生要学会熟练操作计算机，掌握 Windows 10 基础知识，以图2-1-1为例，根据自己的喜好及工作需要，设置自己的桌面。

图 2-1-1　个性化桌面

任务要求

1. 启动计算机，进入Windows 10操作系统。
2. 观察Windows 10桌面。
3. 学习桌面及窗口的组成。
4. 快捷方式、系统图标的添加与删除。
5. 设置桌面的背景、主题等。
6. 学习"开始"菜单的组成。
7. 学习附件程序的应用。

任务分析

定制个人桌面和"开始"菜单，运用Windows 10的基本知识，给桌面添加、删除系统图标，更改桌面主题，设置桌面背景，创建、删除快捷方式，掌握开始菜单的使用等。

相关知识

1. Windows 10桌面介绍

打开主机电源，运行Windows 10操作系统后，出现在屏幕上的整个区域就是桌面，如图2-1-2所示。桌面包含了桌面图标、桌面背景、"开始"按钮、任务栏等。

图 2-1-2　桌面介绍

Windows 10的"开始"按钮是一个Windows标志（即 ▦ ），位于桌面的左下方，它包含了所有应用程序的图标和菜单，用户可以通过它快速启动应用程序、查看文件、访问系统设置等。

Windows 10的"开始"菜单是一个导航栏,是Windows 10操作系统的中央控制区域。

2. 开始菜单

开始菜单如图2-1-3所示,分为列表区、程序区和磁贴区。列表区包含一些常用的系统设置选项,如"设置""电源"等,它们不能删除,位置也不能移动;程序区包含了系统中已安装的所有应用程序的图标,用户可以通过单击图标来启动应用程序;磁贴区是用户经常使用的一些应用程序图标,可以将这些应用程序固定到开始菜单的磁贴区,便于快速访问。

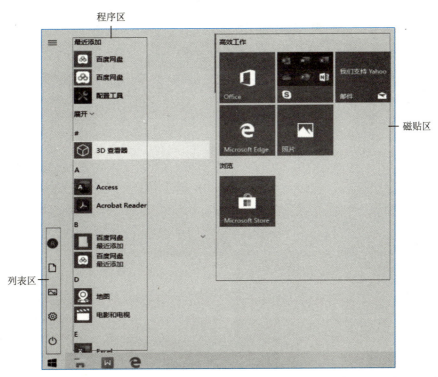

图 2-1-3 "开始"菜单

3. 桌面背景

桌面背景就是计算机桌面上的背景图片,是显示在桌面上的图案、颜色或图片,另外也被称为"壁纸"。用户可以把网络收集的、系统自带的、纯色的图片或者个人照片设置为桌面背景,桌面背景的选择可以根据用户的个人喜好和计算机的使用场景来决定。桌面背景可以是静态图片,也可以是动态图片,可以随着时间或用户的操作而变化。桌面背景的存在是为了美化桌面,增加计算机的使用体验。

总之,桌面背景是计算机桌面上的重要元素,它能够展示用户的个性和风格,也可以给用户带来视觉上的享受。

4. 个性化窗口

在Windows操作系统中,每个应用程序都会打开一个窗口,如图2-1-4所示("此电脑"窗口),而个性化窗口则是通过修改窗口的属性,如窗口的外观、大小、位置、布局等,使窗口更符合用户的使用习惯和个性化需求。

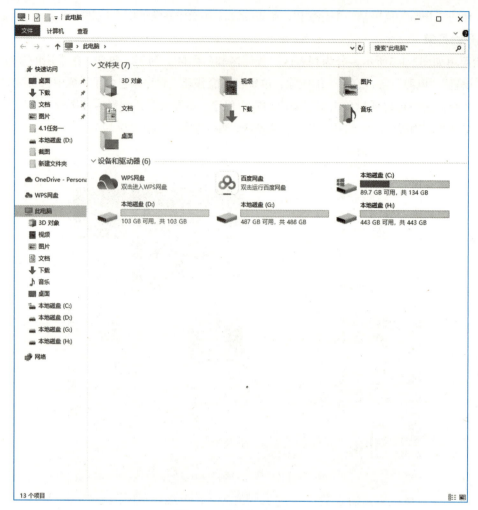

图 2-1-4 "此电脑"窗口

5. 附件

在 Windows 10 中,附件是安装在计算机上的一些应用程序和工具,用来增强计算机的功能。附件包括"记事本""画图""计算机""浏览器"等,可以通过选择开始菜单中的"附件"命令来访问。使用附件可以方便地完成各种日常任务,如创建文档、编辑图片、进行数学计算、浏览互联网等。对于一些常用的附件,用户可以通过将其固定到任务栏或桌面上来快速访问。

任务实施

本任务的整体实施过程如下:

1. 打开与关闭Windows 10

① 启动电源，进入Windows 10系统默认桌面，如图2-1-5所示。

图 2-1-5　Windows 10 桌面

② 单击"开始"按钮，弹出开始菜单，如图2-1-6所示，单击菜单中的"电源"按钮，在弹出的选项中选择"关机"命令，关闭Windows 10。

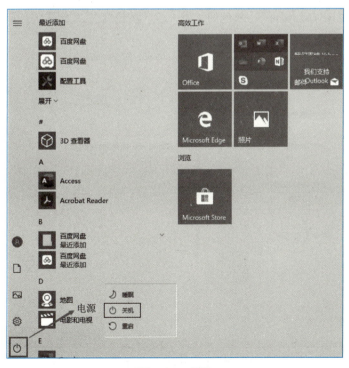

图 2-1-6　关机

2. 快捷方式的创建与删除

快捷方式的创建有多种方式，这里仅介绍一种。以创建"办公文件"快捷方式为例，操作步骤如下：

① 右击桌面空白处，在弹出的快捷菜单中选择"新建"命令，打开的菜单如图2-1-7所示。

视 频

快捷方式的
创建与删除

图 2-1-7　桌面右键菜单

② 在图2-1-7中选择"快捷方式"命令，打开"创建快捷方式"对话框，在"请键入对象的位置"文本框中输入"H:\办公文件"，灰色的"下一步"按钮变亮，如图2-1-8所示，单击"下一步"按钮，弹出图2-1-9所示对话框。

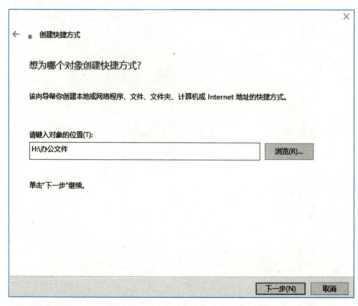

图 2-1-8　创建快捷方式

项目二　Windows 10 操作系统应用　29

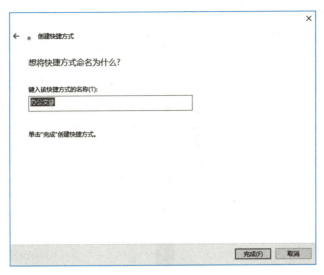

图 2-1-9　快捷方式命名

③输入快捷方式的名称后单击"完成"按钮，创建的快捷方式图标如图2-1-10所示。

图 2-1-10　创建快捷方式

快捷方式的删除：

①右击要删除的快捷方式图标，在弹出的快捷菜单中选择"删除"命令即可，如图2-1-11所示。

②直接把快捷方式图标拖放到回收站。

● 视 频

设置桌面背景

③选中要删除的快捷方式图标，按【Delete】键。

3. 设置桌面背景

Windows 10桌面背景既可以是动态的，又可以是静态的，首先设置Windows 10桌面的静态背景，操作步骤如下：

①右击桌面空白处，在弹出的快捷菜单中选择"个性化"命令，如图2-1-12所示。

②打开"设置"窗口，在"个性化"区域，选择"背景"选项，如图2-1-13所示。

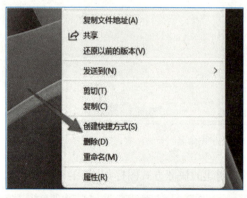

图2-1-11 选择"删除"命令

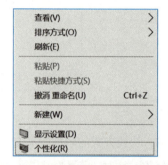

图2-1-12 选择"个性化"命令

图2-1-13 选择"背景"选项

③在右侧"背景"窗格中选择自己喜欢的背景图片或颜色，如图2-1-14所示。

项目二　Windows 10 操作系统应用　　31

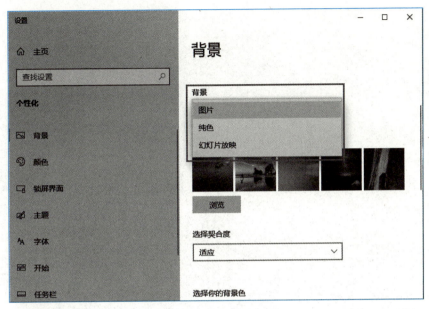

图 2-1-14　"背景"图片

④ 选择图片，单击"浏览"按钮，弹出"打开"对话框，如图2-1-15所示。

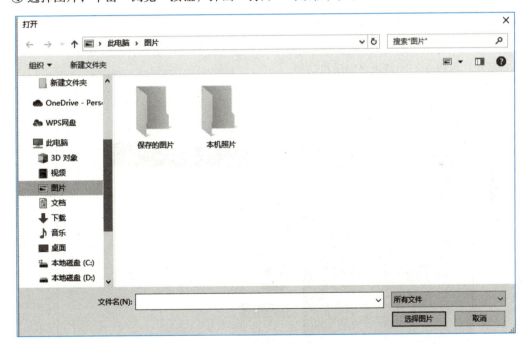

图 2-1-15　图片浏览窗口

⑤ 选择计算机中自己喜欢的图片，桌面静态背景设置完成，如图2-1-16所示。

图 2-1-16 桌面静态背景设置

Windows 10桌面动态背景的设置步骤如下：

① 在图2-1-13所示的背景设置窗口中，在"背景"下拉列表框中选择"幻灯片放映"选项，如图2-1-17所示；可以在不同背景之间随机切换。

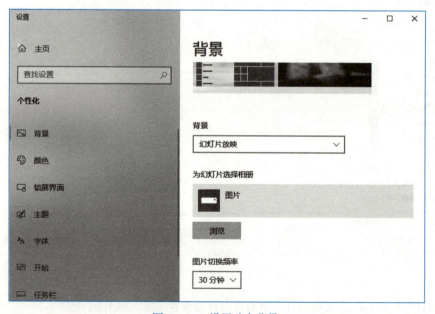

图 2-1-17 设置动态背景

② 单击"浏览"按钮，弹出"选择文件夹"对话框，如图2-1-18所示。

项目二 Windows 10 操作系统应用

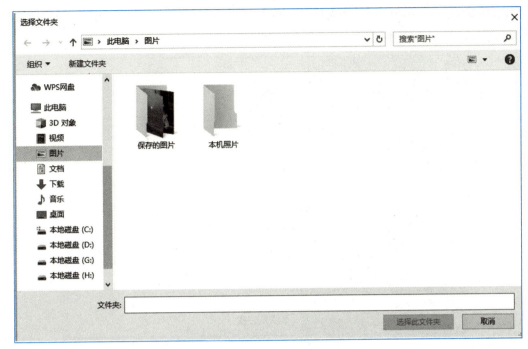

图 2-1-18 "选择文件夹"对话框

③ 选择"保存的图片"文件夹，单击"选择此文件夹"按钮即可，如图2-1-19所示。可以在不同背景之间随机切换。

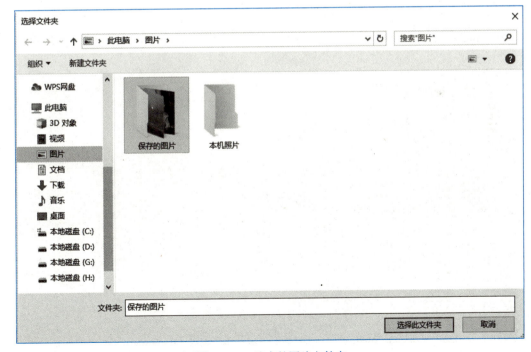

图 2-1-19 选中的图片文件夹

④ 在图2-1-17中,选择"图片切换频率"选项,可以设置背景图片的切换时间,设置播放顺序,选择契合度,如图2-1-20所示。

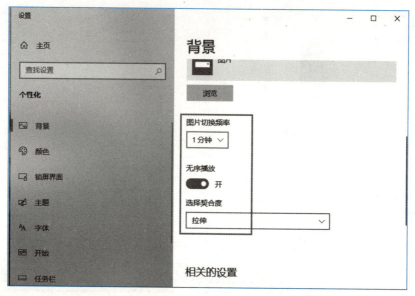

图 2-1-20　设置图片切换频率

⑤ 至此桌面动态背景设置完毕,如图2-1-21所示。

图 2-1-21　桌面动态背景

4. 设置Windows 10桌面的主题

操作步骤如下：

① 右击桌面空白处，在弹出的快捷菜单中选择"个性化"命令，如图2-1-22所示。

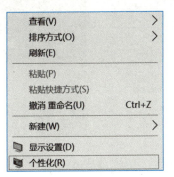

视 频

设置桌面主题

图 2-1-22　选择"个性化"命令

② 打开"设置"窗口，在"个性化"区域，选择"主题"选项，可以自定义主题。在右侧窗格的"更改主题"列表中选择Windows 10自带的主题。如果想获得更多主题，可以单击"在Microsoft Store中获取更多主题"超链接（见图2-1-23），从Microsoft Store中下载安装喜欢的主题。

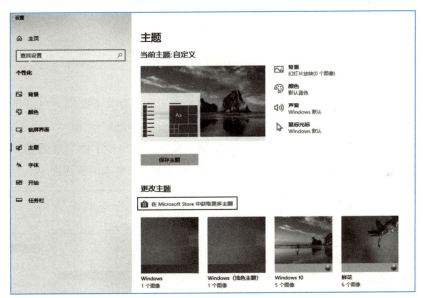

图 2-1-23　设置主题

③ 在"当前主题：自定义"区域，可以选择背景图片或颜色。单击"颜色"选项，打开"颜色"设置窗口，可以选择桌面图标和任务栏的颜色。单击"声音"选项，弹出"声音"对话框，可以选择操作系统声音。单击"鼠标光标"选项，弹出"鼠标属性"对话框，可以设置鼠标参数。

5. 附件程序的应用

Windows 10附带的附件程序包括了一些实用的工具，可以帮助用户完成各种任务。附件程序的打开方式，如图2-1-24所示。

• 视 频

附件程序的应用

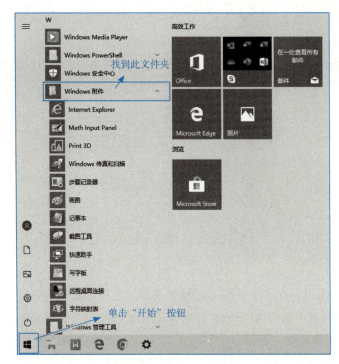

图 2-1-24　Windows 附件

Windows附件程序主要有记事本、画图、截图工具等。

1）记事本

记事本是一个简单的文本编辑器，可以用来创建、编辑和保存文本文件。可以在记事本中输入文本、复制和粘贴文本、设置字体和颜色等。记事本窗口如图2-1-25所示。

在图2-1-25所示窗口中，选择"格式"→"字体"命令，弹出"字体"对话框，选择所需的字体、字形和大小，如图2-1-26所示，单击"确定"按钮即可更改记事本的字体大小。

图 2-1-25　记事本窗口

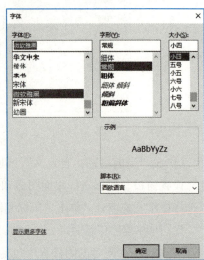

图 2-1-26　"记事本"字体设置

2）画图

画图是一个简单的画图工具，可以用来创建和编辑各种类型的手绘图形。用户可以使用画图工具中的画笔、颜色和形状创建和编辑图形，如图2-1-27所示。

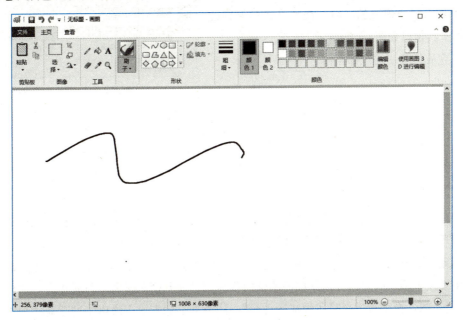

图 2-1-27　画图程序

单击画图程序左上角"文件"按钮，可以进行新建、打开、保存、另存为等操作，如图2-1-28所示。

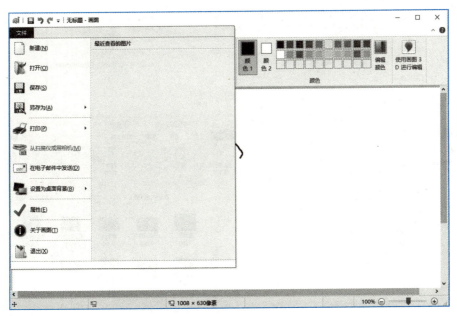

图 2-1-28　画图程序的"文件"菜单

3）截图工具

截图工具是一个实用的屏幕截图工具，可以用来截取屏幕上的任意区域并保存为图片文件。用户可以使用截图工具选择要截取的区域、截图格式和保存位置等。截图工具窗口如图2-1-29所示。

至此，完成任务一的全部操作。

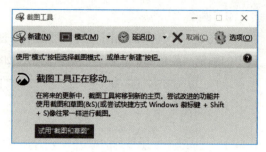

图 2-1-29　截图工具窗口

任务二　文件管理

任务引入

文件管理是Windows 10操作系统的重要功能，它可以让用户方便地管理文件和文件夹，帮助用户查找、打开、复制、移动和删除文件和文件夹等，从而提高工作效率。

体育运动是强健体魄、锤炼意志的重要途径，彰显着踔厉奋发、昂扬向上的青春风貌。为丰富活跃师生校园生活，同时培养同学们的团队协作意识，提升团队凝聚力与战斗力。学校准备开展"师生共筑同心圆，携手迈进新时代趣味运动会"。团委刘书记安排王琳琳协助李老师制作《趣味运动会活动方案》，方案中包括运动会具体流程、每个活动的比赛规则、示例图片等文件，任务结构如图2-2-1所示。

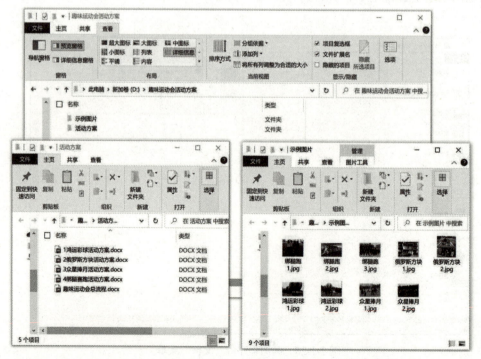

图 2-2-1　任务结构

项目二　Windows 10 操作系统应用

任务要求

1. 启动文件资源管理器。
2. 在D盘创建文件夹，命名为"趣味运动会活动方案"，同时在该文件夹中创建"活动方案"和"示例图片"两个文件夹。
3. 在"活动方案"文件夹中创建"众星捧月活动方案.docx""绑腿赛跑活动方案.docx"等运动会中涉及的活动方案文件。
4. 通过网络搜索合适的活动示例图片或者自己绘制简单示意图文件，保存在"示例图片"中，并根据内容命名相对应名称。
5. "活动方案"文件夹中有多个方案文件，根据活动流程顺序，给每个方案前面加上相应的编号。
6. 查看两个文件夹中的文件，删除自己认为不合适的文件。
7. 最后将活动方案通过U盘提交给老师。

任务分析

《趣味运动会活动方案》包括新建文件夹和文件、文件和文件夹移动操作。制作本任务过程中运用了Windows 10中文件与文件夹管理的基本操作，如新建文件、新建文件夹、移动或复制文件、删除文件、重命名文件等。本次任务实现的思维导图如图2-2-2所示。

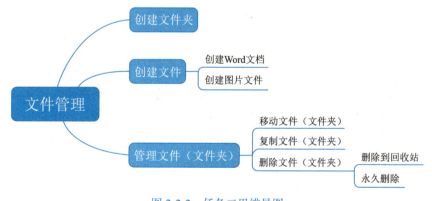

图 2-2-2　任务二思维导图

相关知识

1. 资源管理器

"资源管理器"在Windows 10中称为"文件资源管理器"，如图2-2-3所示，它是Windows系统提供的资源管理工具，用户可以通过它查看本台计算机的所有资源，特别是它提供的树状文件系统结构，使用户能更清楚、更直观地认识计算机的文件和文件夹。另外，在"文件资源管理器"中还可以对文件进行各种操作，如打开、复制、移动等。

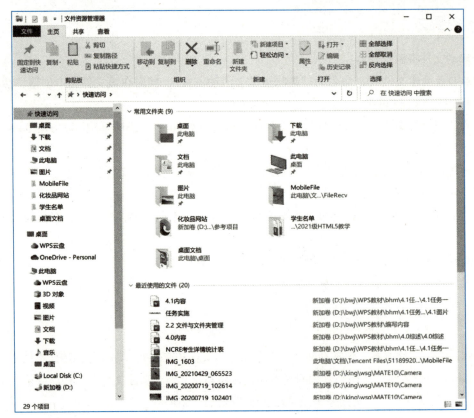

图 2-2-3　文件资源管理器

2. 文件

文件是计算机中数据的存在形式，种类很多，可以是文字、图片、视频、声音及应用程序等，它们外观有一些相同之处，即都是由文件图标和文件名组成，而文件名称又由文件名和扩展名两部分组成。一般情况下，相同类型的文件的图标和扩展名是一样的，它们是区分文件类型的标志，是由区分该文件的程序决定的。例如，扩展名为jpg的文件表示图片文件，文件名是由用户在建立文件时设置的，目的是方便用户识别，文件名可以随时修改。

常见的文件扩展名及其类型见表2-2-1。

表2-2-1　常见的文件扩展名及其类型

扩 展 名	类 型	扩 展 名	类 型
doc、docx	Word文档	txt	文本文件
xls、xlsx	Excel工作簿	exe、com	可执行文件
ppt、pptx	PowerPoint演示文稿	jpg	图片文件
wps	WPS文档	zip	zip格式压缩文件
et	WPS工作簿	mp3	音频文件
dps	WPS演示文稿	avi、mp4	视频文件

3. 文件夹

文件夹是Windows系统中用于存放文件或其他文件夹的容器。在文件夹中包含的文件夹通常称为"子文件夹"，每个子文件夹又可以包含任意数量的文件或文件夹。

在Windows中，文件或文件夹的命名要遵守下列规则：

① 文件名和文件夹名不能超过255个字符（一个汉字相当于两个字符），最好不要使用很长的文件名，文件名不区分大小写。

② 文件名可以包含字母、数字、空格、逗号、加号、分号、左右方括号和等号，但不能包含/、\、|、：、、?、"、*、<、>等符号。

③ 在同一文件夹中不能有同名的文件或文件夹，在不同文件夹中，文件名或文件夹名可以相同。

4. 回收站

回收站是微软Windows操作系统中的一个系统文件夹，主要用来存放用户临时删除的文档资料，存放在回收站中的文件可以恢复。从硬盘删除任何项目时，Windows将该项目放在"回收站"中。从U盘、移动硬盘等删除的项目将被永久删除，而且不能发送到回收站。

回收站保存了用户删除的文件、文件夹、图片、快捷方式和Web页等。这些项目将一直保留在回收站中，直到清空回收站。许多误删除的文件可从回收站中找到。灵活地利用各种技巧可以更高效地使用回收站，使之更好地为我们服务。

5. 剪贴板

剪贴板是内存中的一块区域，是Windows内置的一个非常有用的工具，通过剪贴板，各种应用程序之间可传递和共享信息。

剪贴板允许用户将文本、图像、音频和其他类型的数据从一个应用程序中复制到另一个应用程序中，而不必将数据保存在文件中。剪贴板可以存储一个或多个项目，这些项目可以在需要时插入文档或其他应用程序中。如果要复制多个项目，可以使用Windows 10中的剪贴板历史记录。

任务实施

本任务的实施整体过程如下：

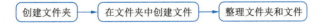

1. 启动资源管理器

启动资源管理器的常用方法有如下四种。

① 使用桌面图标打开：双击桌面上的"此电脑"图标，即可打开资源管理器。

② 在任务栏上单击文件夹图标：在任务栏上找到文件夹图标，单击即可打开资源管理器。

③ 通过开始菜单打开：单击Windows开始菜单，搜索并单击"资源管理器"即可打开。

④ 使用快捷键：按【Windows+E】快捷键，即可快速打开资源管理器。

视频

资源管理器和创建文件夹

2. 创建文件夹

在使用计算机时，应按照合理的结构对计算机的文件和文件夹进行规划，并分类存放不同的文件，这样不仅有利于文件的操作和管理，也可以提高计算机的运行速度。科学地管理文件一般包括两点：一是对文件的分类存放；二是重要文件及时备份。

完成趣味运动会活动方案的制作，首先要明确活动方案存放的磁盘位置，Windows 10操作系统安装完成后，默认是C盘和D盘两个磁盘。C盘是系统盘，用于安装操作系统，通常用于存储一些系统文件和程序，而D盘则是用户的数据盘，用于存储个人数据文件、照片、音乐等，所以趣味运动会的活动方案需要存放在D盘，同时也要及时备份在自己的网盘或者移动硬盘或U盘上。

图2-2-4所示为趣味运动会活动方案文件夹规划方案图。

管理文件时经常需要使用文件夹，如果要新建一个文件夹，可以通过下面四种方法实现。

① 右击桌面或文件夹任意空白处，在弹出的快捷菜单中选择"新建"→"文件夹"命令，输入文件夹名称，按【Enter】键即可完成新建文件夹，如图2-2-5所示。

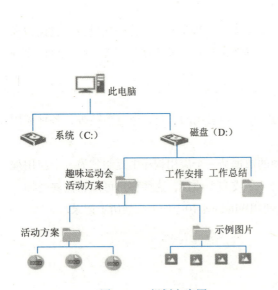

图 2-2-4　规划方案图

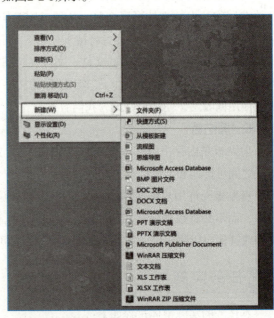

图 2-2-5　选择"新建"→"文件夹"命令

② 在文件夹窗口中，单击快速访问工具栏中的"新建文件夹"按钮，如图2-2-6所示。

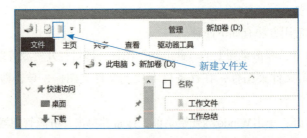

图 2-2-6　单击快速访问工具栏中的"新建文件夹"按钮

项目二　Windows 10 操作系统应用　　43

③ 在文件夹窗口中,单击"主页"→"新建"→"新建文件夹"按钮,如图2-2-7所示。

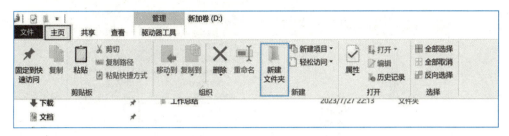

图 2-2-7　单击"主页"→"新建"→"新建文件夹"按钮

④ 单击桌面或文件夹任意空白处,按【Ctrl + Shift + N】快捷键,输入文件夹名称,按【Enter】键即可完成新建文件夹。

通过上面的第一种方法,在D盘根目录下创建文件夹"趣味运动会活动方案",同时在新创建的"趣味运动会活动方案"文件夹中创建"活动方案"和"示例图片"两个新文件夹,创建完成后文件夹结构如图2-2-8所示。

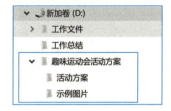

图 2-2-8　文件夹结构图

3. 创建文件

文件夹用于存放文件或其他文件夹,用户可以在新创建的文件夹中存放各种文件。

在新创建的"活动方案"文件夹中创建各种活动方案的Word文件,有如下两种方法。

① 打开WPS软件,单击"新建"或工具栏中的"+"按钮,弹出"新建"对话框,选择WPS文字即可,如图2-2-9所示。

视　频

创建文件

图 2-2-9　创建文件方式一

② 右击"活动方案"文件夹中的任意空白处,在弹出的快捷菜单中选择"新建"→"DOCX文档"命令,输入文件名称,按【Enter】键即可完成创建新文件,如图2-2-10所示。

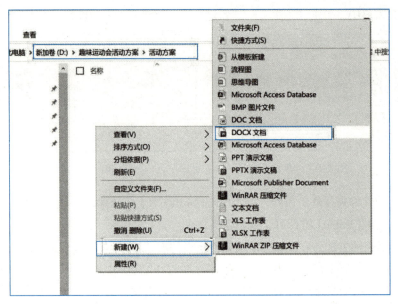

图 2-2-10　创建文件方式二

利用上述任意一种方法在"活动方案"文件夹下创建多个WPS文字，创建好文档后即可在文档中编写各个项目的活动方案。创建文件后文件夹结构如图2-2-11所示。

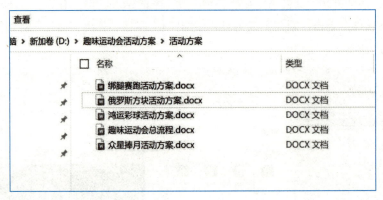

图 2-2-11　创建文件后文件夹结构

4. 创建图片文件

为了更生动形象地体现活动方案，要准备一些素材图片，通过图片形式向老师展示项目活动方案，图片的内容可以是自己通过简单图示绘制，也可以是从网络上下载的类似活动图片。

最简单直接的方式是从网络上查找类似活动方案图片，进行下载保存。如何下载保存图片文件，最简单的方法就是利用搜索引擎（如"百度"）搜索到合适的图片，右击图片，在弹出的快捷菜单中选择"将图像另存为"命令，将图片文件保存到"示例图片"文件夹下，并正确命名，如图2-2-12和图2-2-13所示。

图 2-2-12　下载图片文件

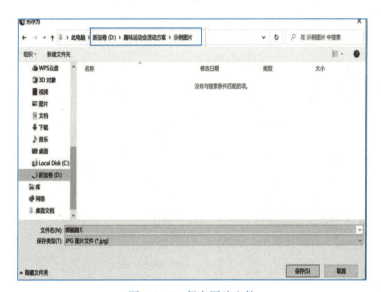

图 2-2-13　保存图片文件

所有相关素材图片文件下载完成后，文件结构如图2-2-14所示。

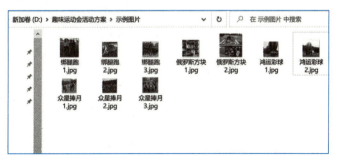

图 2-2-14　图片文件结构

视频

文件夹或文件基本操作

5. 选择文件和文件夹

在操作文件或文件夹之前，要首先将其选中，常用的选中文件或文件夹的方法如下：

- 选中单个文件或单个文件夹：单击该文件或文件夹图标。
- 选中多个连续的文件或文件夹：单击第一个要选取的对象，然后按住【Shift】键并单击最后一个对象。也可以按住鼠标左键拖出一个矩形框，将要选中的多个文件或文件夹框选在内。
- 选中多个不连续的文件或文件夹：单击第一个要选取的文件或文件夹，然后按住【Ctrl】键并逐个单击要选取的文件或文件夹。
- 选中当前窗口中所有文件对象：按【Ctrl+A】组合键；或者单击"主页"→"选择"→"全部选择"按钮。
- 反向选定当前窗口中的文件或文件夹：单击"主页"→"选择"→"反向选择"按钮。

在窗口空白处单击，可以撤销选择所有文件对象。要对已经选取的多个文件对象中的个别对象进行撤销选择时，应按住【Ctrl】键，然后逐个单击要撤销选择对象。

6. 重命名文件

更改文件或文件夹名称的操作称为重命名，用户可以根据工作需要对文件或文件夹进行重命名操作。

重命名文件或文件夹的常用方法如下：

- 右击需要重命名的文件，在弹出的快捷菜单中选择"重命名"命令，如图2-2-15所示。

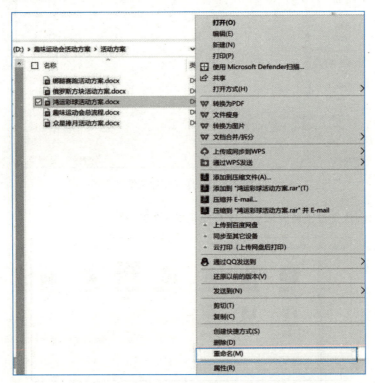

图 2-2-15　选择"重命名"命令

- 在"活动方案"文件夹窗口中选中需要重命名的文件,单击"主页"→"组织"→"重命名"按钮,如图2-2-16所示。

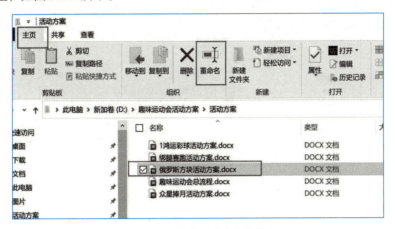

图 2-2-16　单击"重命名"按钮

- 在"活动方案"文件夹窗口中选中需要重命名的文件,按【F2】键,进行重命名。

所有活动方案文件重命名后,文件目录如图2-2-17所示。

图 2-2-17　文件目录

7. 删除文件或文件夹

当某些文件或文件夹不再需要时,可以将其删除,以释放磁盘空间。Windows会将删除的文件或文件夹临时存储到"回收站"中(永久删除的文件或文件夹不会存储到"回收站"中)。使用下面的方法可以删除文件或文件夹:

① 选定要删除的文件或文件夹,按【Delete】键。
② 选定要删除的文件或文件夹,单击"主页"→"组织"→"删除"按钮。
③ 右击要删除的文件或文件夹,在弹出的快捷菜单中选择"删除"命令。
④ 直接拖动要删除的文件或文件夹到"回收站"中。

在已经制定的活动方案中,发现示例图片文件夹中的"众星捧月3.jpg"文件不合适,通过第一种方法删除该文件。这种删除方式是删除到回收站,如果感觉误删,可以通过"回收站"窗口将其还原到原位置,如图2-2-18所示。

如果要还原回收站中的所有项目,可以单击"回收站工具"→"还原"→"还原所有项目"按钮。

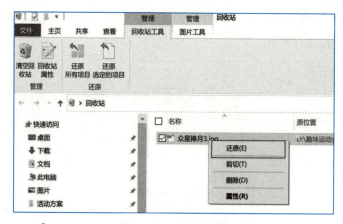

图 2-2-18 还原文件

如果明确要删除的文件没有用处了,需要彻底删除,有如下两种方法。

① 选定要删除的文件或文件夹,按【Shift+Delete】组合键,弹出"删除文件"对话框,如图2-2-19所示,单击"是"按钮,将永久删除目标文件或文件夹。

② 已经删除到回收站的项目,不再需要还原了,可以彻底删除,右击要删除的文件或文件夹,在弹出的快捷菜单中选择"删除"命令,将永久删除目标文件或文件夹,如图2-2-20所示。

如果回收站中所有项目都不需要保留了,可以单击"回收站工具"→"管理"→"清空回收站"按钮。

图 2-2-19 永久删除文件方法一

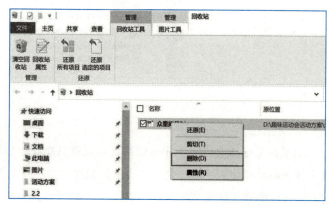

图 2-2-20 永久删除文件方法二

8. 移动、复制文件或文件夹

移动、复制文件(夹)就是将文件(夹)从原来位置放到目标位置,区别在于:移动是把文件(夹)移动到另一个位置,原有位置的文件(夹)消失;复制是把文件(夹)存放到另一个位置,而原有位置的文件(夹)依然存在。在Windows 10中移动和复制既可以使用快捷菜单命令实现,也可以使用鼠标拖动实现。

① 使用快捷命令移动或复制文件(夹):右击要移动或复制的文件(夹),在弹出的快捷菜单中选择"复制"或"剪切"命令,在目标窗口中右击,在弹出的快捷菜单中选择"粘贴"命令。

② 使用菜单命令或键盘组合键移动、复制文件（夹）：选择要移动或复制的文件（夹），单击"主页"→"剪贴板"→"复制"或"粘贴"按钮，或使用【Ctrl+C】、【Ctrl+X】、【Ctrl+V】组合键完成操作。

③ 使用鼠标拖动来移动、复制文件（夹）：一般是在不同窗口的两个文件夹之间进行文件拖动，同时打开源文件夹和目标文件夹，在源文件夹窗口中选定一个或多个文件（夹），将选定文件（夹）拖动到目标文件夹窗口空白处，在拖动过程中，如果按住【Ctrl】键进行拖动，是将选定文件（夹）复制到目标文件夹，如果按住【Shift】键拖动则是将选定文件（夹）移动到目标文件夹。

"趣味运动会活动方案"文件夹中，"活动方案"和"示例图片"中文件都整理完成后，要上交给李老师，通过复制"趣味运动会活动方案"文件，粘贴到U盘中，再次复制到李老师的计算机上。

至此，完成任务二的全部操作。

任务三　系统设置与维护

任务引入

"e互联"是信息工程系的学生社团，本着"服务广大师生，提升自我实力"的宗旨，想同学之所想，急同学之所急，通过开展富有实效的义务维修计算机活动，帮助全校同学解决计算机使用的具体问题，以实际行动为全校同学排忧解难，更好地弘扬服务精神，推动建设"和谐校园"。近期，社团负责人刘帅要针对学校大一新生开展一次计算机基础知识科普讲座，主要涉及Windows 10控制面板和任务管理器的使用。

任务要求

1. 打开控制面板窗口。
2. 查看自己计算机的基本配置，机器内存，操作系统等信息。
3. 创建新账户并创建账户密码，修改账户密码，最后删除新创建账户。
4. 通过控制面板删除安装的"QQ音乐"播放器软件。
5. 通过控制面板调整系统日期和时间。
6. 打开任务管理器窗口。
7. 通过任务管理器查看当前运行的程序和进程及对内存、CPU的占用情况。
8. 通过任务管理器关闭QQ聊天程序。

任务分析

Windows 10系统为用户提供了管理计算机的场所——控制面板，控制面板就像整个计算机的总控室，几乎可以控制计算机的所有功能。为了让大家快速了解计算机，更好地控制和使用计算机，本任务主要学习控制面板和任务管理器的常用功能。本任务实现的思维导图如图2-3-1所示。

图 2-3-1　任务三思维导图

1. 控制面板

在Windows 10中，控制面板是一个集中管理所有系统设置和选项的地方，可以在控制面板中访问各种选项，如网络和互联网、硬件和声音、设备和打印机、系统和安全等，控制面板还提供了设置和管理用户账户、备份和恢复数据、程序和功能等操作。

控制面板是计算机设置的操作入口，计算机中的很多设置都是在这个页面中进行选择和设置，所以了解和学会使用计算机的控制面板是非常重要的。图2-3-2所示为"控制面板"窗口。

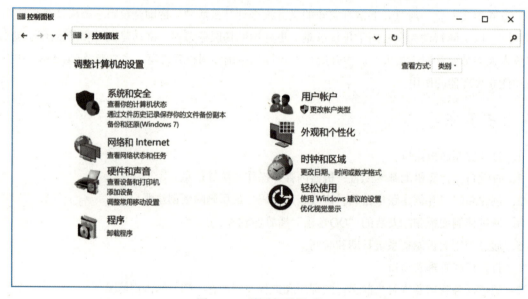

图 2-3-2　"控制面板"窗口

2. 任务管理器

Windows任务管理器提供有关计算机性能和运行软件的信息，包括运行进程的名称、CPU负载、已提交内存、输入/输出详细信息、登录用户和Windows服务等。任务管理器还可用于设置进程优先级、处理器关联性、启动和停止服务以及强制终止进程。

任务管理器是一个非常有用的工具，可以帮助用户监控和管理计算机上正在运行的进程和应用程序。图2-3-3所示为"任务管理器"窗口。

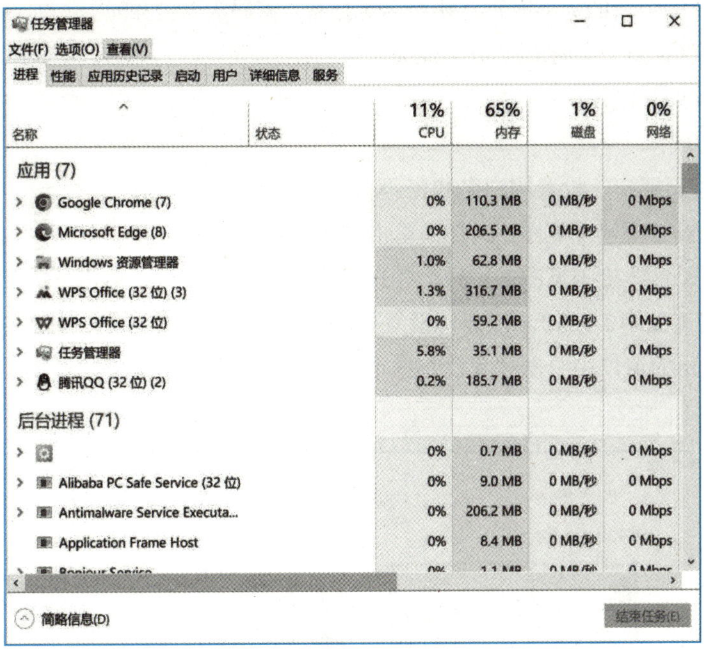

图 2-3-3 "任务管理器"窗口

任务实施

本任务的实施整体过程如下：

1. 启动控制面板

常见的启动控制面板的方法有：

① 通过开始菜单打开：单击"开始"按钮，找到Windows系统文件夹并打开，即可访问控制面板。

② 使用搜索框打开：在"开始"搜索框中，输入"控制面板"，按【Enter】键即可打开控制面板。

③ 使用运行命令打开：按【Windows + R】组合键，打开"运行"对话框；在"运行"文本框中输入Control后按【Enter】键即可打开控制面板。

2. 查看计算机基本配置

查看系统信息，了解系统硬件配置、操作系统版本、安装的软件等信息。

如图2-3-4所示，在"控制面板"窗口中找到"系统和安全"，打开"系统和安全"窗口，单击"系统"超链接（见图2-3-5），打开系统信息窗口，在其中可以看到操作系统版本、CPU、内存、硬盘、显示器、声卡等基本信息，同时也可以查看安装的软件和驱动程序列表，如图2-3-6所示。

视频

用户账户设置

3. 用户账户设置

① 创建一个新的标准账户，账户名为Lisa，密码为@123abc。

② 修改Lisa账户的密码为@456abc。

③ 删除账户Lisa。

任务实现：

① 创建新账户，设置用户名和密码。

打开"控制面板"窗口（见图2-3-4），单击"用户账户"超链接，打开"用户账户"窗口，单击"更改账户类型"超链接（见图2-3-7），打开"管理账户"窗口，单击下方的"在电脑设置中添加新用户"超链接（见图2-3-8），打开"设置"窗口，单击"将其他人添加到这台电脑"超链接（见图2-3-9），在弹出的窗口中单击"我没有这个人的登录信息"超链接（见图2-3-10），单击"下一步"按钮。

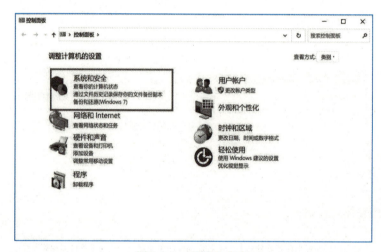

图 2-3-4　系统和安全

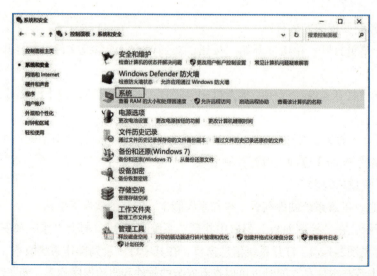

图 2-3-5　软件列表

项目二　Windows 10 操作系统应用

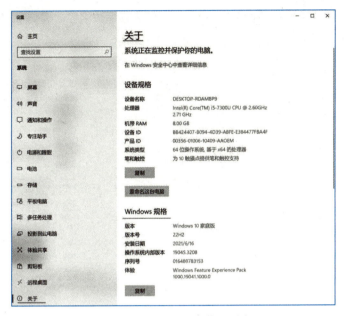

图 2-3-6　有关系统的信息列表

图 2-3-7　用户账户

图 2-3-8　管理账户

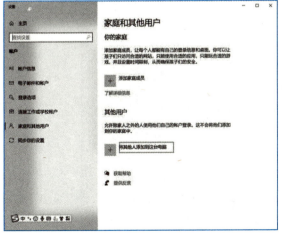

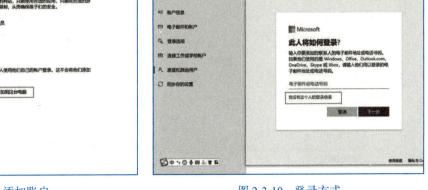

图 2-3-9　添加账户

图 2-3-10　登录方式

弹出"Microsoft账户"窗口，如图2-3-11所示，输入新账户名字、密码、密码提示问题等内容，单击"下一步"按钮，新账户Lisa创建完成，如图2-3-12所示。

图 2-3-11　添加新账户

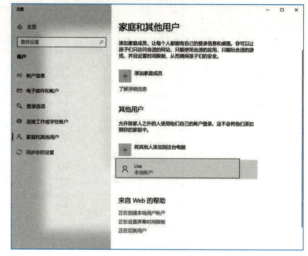

图 2-3-12　完成新账户创建

创建的新账户Lisa是标准账户，可以选中该账户，单击"更改账户类型"超链接，如图2-3-13所示，更改Lisa的账户类型，使Lisa用户拥有更多的权限，如图2-3-14所示。

图 2-3-13　更改新账户类型

图 2-3-14　更改账户类型

Lisa创建完成后，在"控制面板"窗口中查看用户账户，会发现有两个账户，或者单击"开始"按钮，在"开始"菜单中也可以看到两个账户信息，如图2-3-15和图2-3-16所示。

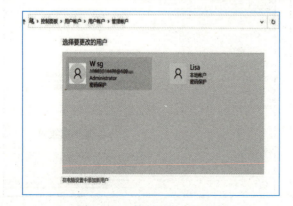

图 2-3-15　控制面板中的账户

图 2-3-16　"开始"菜单中的账户

② 更改密码。

在"控制面板"窗口中单击"用户账户"超链接,打开"管理账户"窗口,如图2-3-17所示,单击"Lisa"账户,打开"更改账户"窗口,如图2-3-18所示,单击"更改密码"超链接,打开"更改密码"窗口,如图2-3-19所示,根据提示修改Lisa账户的密码。

图 2-3-17 "管理账户"窗口

图 2-3-18 "更改账户"窗口

图 2-3-19 "更改密码"窗口

③ 删除用户。

在"控制面板"窗口中单击"用户账户"超链接,打开"管理账户"窗口,单击"Lisa"账户,打开"更改账户"窗口,如图2-3-20所示,单击"删除账户"超链接,打开"删除账户"窗口,如图2-3-21和图2-3-22所示,根据提示进行Lisa账户的删除。删除后,再次查看"用户账户"窗口或"开始"菜单,如图2-3-23和图2-3-24所示,发现Lisa账户删除成功。

图 2-3-20 "更改账户"窗口

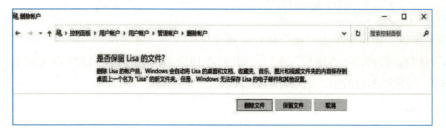

图 2-3-21 "删除账户"窗口

图 2-3-22 "确认删除"窗口

图 2-3-23 删除账户后的控制面板

图 2-3-24 删除账户后的"开始"菜单

● 视 频

删除程序和系统日期设置

4. 删除程序

我们经常需要在计算机上安装一些应用软件,比如处理图片需要安装Photoshop或者美图秀秀等软件,听音乐需要安装"QQ音乐"或者"网易云音乐"等软件,很多时候一些应用软件使用频率很低,为了提高计算机的工作效率,需要定期删除不常用的软件。很多软件在设计时就考虑到用户将来要卸载的问题,安装完该软件后可以在"开始"菜单中看到卸载该软件的命令,如图2-3-25所示,可以直接从开始菜单中找到百度网盘并卸载。

如果在"开始"菜单中找不到卸载某个软件的命令,就需要通过"控制面板"窗口中的"卸载程序"功能实现。

项目二　Windows 10 操作系统应用

例如，卸载"QQ音乐"软件的操作步骤如下：

① 打开"控制面板"窗口，单击"卸载程序"超链接（见图2-3-26），打开"程序和功能"窗口，如图2-3-27所示，"程序和功能"窗口中所有程序默认按照名称排序，也可以按照"安装时间"进行排序。

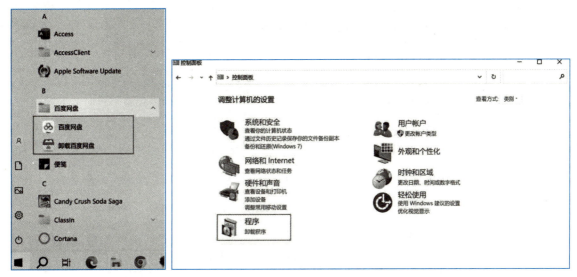

图 2-3-25　开始菜单中的
　　　　　卸载软件命令

图 2-3-26　单击"卸载程序"超链接

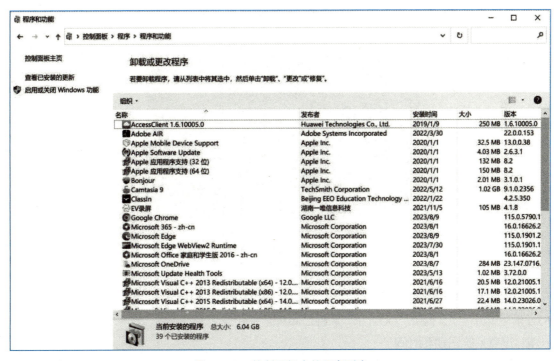

图 2-3-27　控制面板中的程序列表

②在"程序和功能"窗口中找到"QQ音乐"应用程序，选中后单击上方的"卸载/更改"按钮，如图2-3-28所示。

图 2-3-28　卸载 QQ 音乐

③ 弹出卸载对话框，选择"直接卸载"选项，单击"确定"按钮，完成程序的卸载，如图2-3-29所示。

图 2-3-29　直接卸载 QQ 音乐

④ 再次打开"程序和功能"窗口，已找不到"QQ音乐"程序；在"开始"菜单中也找不到"QQ音乐"应用程序，说明"QQ音乐"软件已卸载完成。

5. 设置系统日期和时间

如果计算机已经连入互联网，则可以精确调整系统日期和时间。常用操作方法有如下两种。

项目二 Windows 10 操作系统应用 59

方法一：

① 打开"控制面板"窗口，单击"时钟和区域"命令，如图2-3-30所示。

图 2-3-30　单击"时钟和区域"超链接

② 打开"时钟和区域"窗口，单击"日期和时间"超链接，弹出"日期和时间"对话框，选择"Internet时间"选项卡，单击"更改设置"按钮（见图2-3-31），打开"Internet时间设置"对话框，选中"与Internet时间服务器同步"复选框，在服务器下拉列表中选择"time.windows.com"（见图2-3-32），单击"立即更新"按钮，稍后即可看到对话框中显示同步成功的提示，如图2-3-33所示，单击"确定"按钮，依次关闭打开的对话框即可。

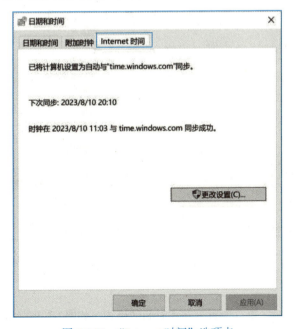

图 2-3-31　"Internet 时间"选项卡

图 2-3-32 服务器列表

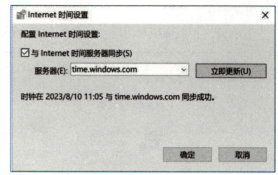
图 2-3-33 选择服务器

方法二：

右击任务栏右侧的系统时钟，在弹出的快捷菜单中选择"调整日期/时间"命令（见图2-3-34），打开"日期和时间"窗口，设置"自动设置时间"按钮处于"开"状态，也可以实现日期和时间的在线同步，如图2-3-35所示。

图 2-3-34 选择"调整日期/时间"命令

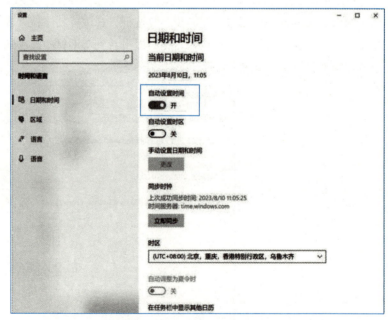

图 2-3-35 打开自动设置时间

还可以通过"控制面板"窗口设置日期和时间的格式，如图2-3-36所示。

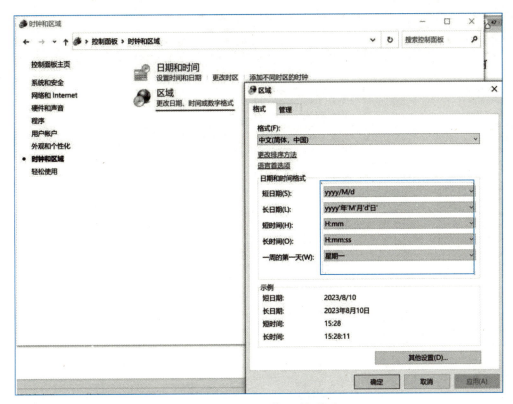

图 2-3-36　设置日期 / 时间格式

6. 启动任务管理器

启动任务管理器的常用方法有如下三种

① 按【Ctrl+Alt+Delete】组合键，打开"安全选项屏幕"，选择"任务管理器"，打开"任务管理器"窗口。

② 按【Ctrl+Shift+Esc】组合键，打开"任务管理器"窗口。

③ 右击Windows系统桌面底部的任务栏，在弹出的快捷菜单中选择"任务管理器"或"启动任务管理器"命令，打开"任务管理器"窗口。

任务管理器相关设置

7. 查看进程和应用程序

① 打开"任务管理器"窗口，选择"进程"选项卡，查看所有正在运行的进程和应用程序。可以按名称、CPU使用率、内存使用率等排序，如图2-3-37所示。

② 打开"任务管理器"窗口，选择"性能"选项卡，单击CPU选项，可以看到计算机CPU的型号、利用率和工作频率，如图2-3-38所示。

单击"内存""磁盘""Wi-Fi""GPU 0"选项，可以查看内存大小和使用空间，无线网络的下载速度和上传速度、ip地址及Wi-Fi信号强度，以及CPU集成显卡的型号、利用率和共享内存等信息。

选择"启动"选项卡，可以看到开机自动启动的应用程序，状态上有些显示已经禁止，如果有需要启动，右击该应用程序，在弹出的快捷菜单中选择"启动"命令即可，如图2-3-39所示。

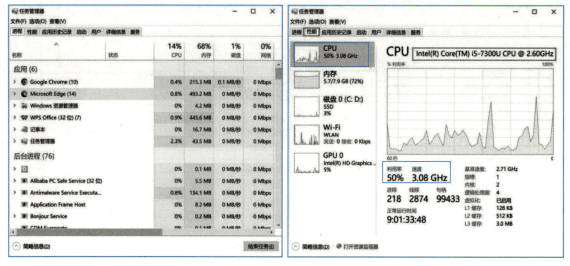

图 2-3-37　查看进程　　　　　　　　　图 2-3-38　查看 CPU 性能

图 2-3-39　"启动"选项卡

8. 终止程序或进程

在使用计算机时经常会遇到程序卡住崩溃动不了的情况,通常的解决方法是通过任务管理器强制结束任务或进程。

如果只需要关闭软件的某一个进程,可以单击软件前面的展开按钮将所有进行展开,然后右击想要关闭的进程,在弹出的快捷菜单中选择"结束任务"命令即可,如图2-3-40所示。

强制关闭正在运行的QQ聊天软件,打开任务管理器,选中QQ应用程序,单击"结束任务"按钮,QQ应用程序就关闭了,如图2-3-41所示。

项目二　Windows 10 操作系统应用 　63

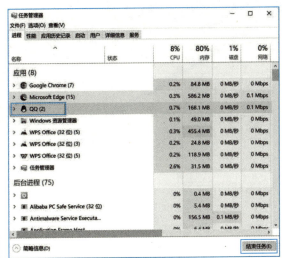

图 2-3-40　关闭进程　　　　　　　　　　图 2-3-41　关闭 QQ 聊天

至此，完成任务三的全部操作。

项目三
WPS 文字

在日常工作中，人们经常会使用WPS文字制作各种类型的编辑文档，使用WPS文字能够进行文档的编辑、排版和美化等操作，制作出既美观又专业的各类长文档。本项目将对WPS文字的基本操作、编辑、排版和美化等进行全面介绍。

本章知识导图

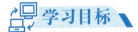

学习目标

· 了解：

WPS文字的功能和操作界面；

WPS文字排版的概念；

目录的自动生成；

常见文字样式。

· 理解：

字体和段落格式设置、页面设置等排版技术；

WPS文字的创建、保存、打开、保护等方法；

WPS文字的插入菜单、页面布局、样式和格式刷、文字邮件合并功能等使用方法。

· 应用：

WPS文字的字体、段落格式设置及页面设置；

利用样式和格式刷进行排版；

利用WPS表格功能可以实现表格数据的编辑和美化；

利用图形、图片、艺术字等对象实现图文混排；

利用插入页眉、页脚，能自动生成目录。

· 分析：

通过学习本项目中的案例，学会WPS文字的编辑、美化和排版，并能够将排版结果以长文档的形式呈现出来。

· 养成：

养成严谨做事的职业态度和习惯。

任务一　制作个人简介文档

任务引入

随着信息化的发展，电子文档的使用已经深入人们生活的方方面面，文字信息化既可以方便保存，也可以节约纸张，杜绝铺张浪费。作为一名新入学的大学生，为了方便老师和同学了解每位同学的情况，要求同学们利用WPS文字制作个人简介向同学们介绍自己。任务最终效果如图3-1-1所示。

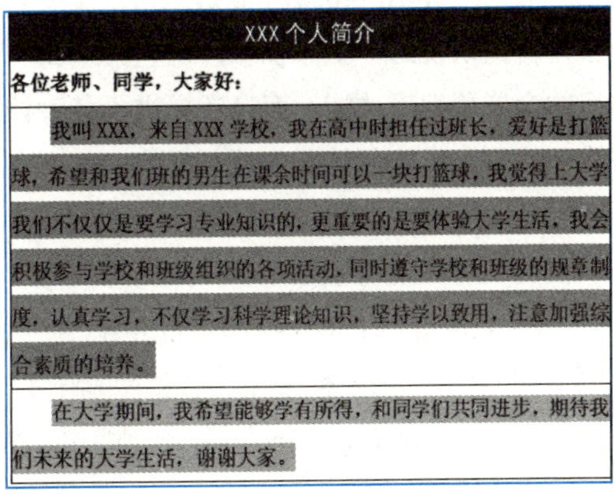
XXX 个人简介

各位老师、同学，大家好：

我叫 XXX，来自 XXX 学校，我在高中时担任过班长，爱好是打篮球，希望和我们班的男生在课余时间可以一块打篮球，我觉得上大学我们不仅仅是要学习专业知识的，更重要的是要体验大学生活，我会积极参与学校和班级组织的各项活动，同时遵守学校和班级的规章制度，认真学习，不仅学习科学理论知识，坚持学以致用，注意加强综合素质的培养。

在大学期间，我希望能够学有所得，和同学们共同进步，期待我们未来的大学生活，谢谢大家。

图3-1-1　任务一效果图

任务要求

1. 创建WPS文字文档并保存在D盘，命名为"×××个人简介"。
2. 按照模板要求编辑文档，并给整篇文档添加边框。
3. 设置文档的标题为"黑体，三号"，文本内容为"宋体，四号"，文本居中显示。
4. 设置文档段落格式为"段落首行缩进，2个字符，行间距为1.5倍行距"。
5. 设置标题段落底纹颜色为"深红色"。
6. 设置内容第一段文本为艺术字"黑色，文本1，阴影"。
7. 设置内容第二段文本为突出显示"灰色-25%"。
8. 设置内容第三段文本添加"字符底纹"。

任务分析

个人简介包括创建文档、编辑文档相关内容。制作本任务过程中运用了WPS Office文字文档处理软件进行文档的基本操作，如文档的创建、文档的编辑、文档的保存、文档的字体格式和段落格式设置等。本任务的思维导图如图3-1-2所示。

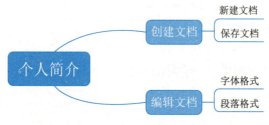

图 3-1-2　任务一思维导图

相关知识

1. WPS文字工作界面

WPS（word processing system，文字处理系统）是金山软件公司自主研发的一款办公软件。它集编辑与打印为一体，具有丰富的全屏幕编辑功能，而且还提供了各种控制输出格式及打印功能，使打印出的文稿既美观又规范，基本上能满足文字工作者编辑、打印各种文件的需求。

启动WPS的方法如下：

① 双击桌面上的快捷图标打开WPS。

② 单击"开始"按钮，选择"所有程序"→"WPS office文件夹"→"WPS office"命令，即启动WPS文字，如图3-1-3所示。

图 3-1-3　启动 WPS

项目三 WPS 文字 67

　　③ 右击桌面空白处，在弹出的快捷菜单中选择"新建"→"DOC/DOCX文档"命令，即可创建一个名为"新建DOC文档"的文档，如图3-1-4所示。双击该文档，即可启动WPS文字。

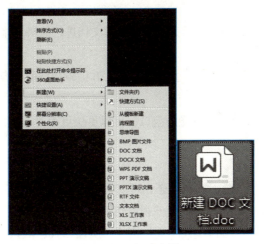

图 3-1-4　新建文档

关闭WPS的方法如下：
① 单击WPS文档标题栏右侧的"关闭"按钮。
② 按【Alt+F4】组合键关闭。
③ 选择 WPS 菜单栏中的"文件"→"退出"命令，退出 WPS 应用程序。
　　WPS文字工作界面由标题栏、功能区、导航窗格、编辑区和任务窗格等部分组成，如图3-1-5所示。

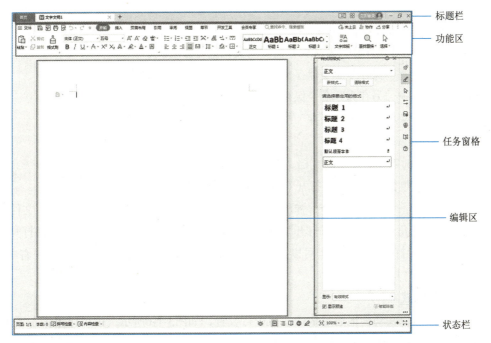

图 3-1-5　WPS 文字窗口

1）标题栏

标题栏主要包含当前打开的文档名称和关闭、放大和缩小按钮。

2）功能区

功能区主要包含各种功能按钮和下拉菜单，用于对文档进行编辑、排版、美化等设置。

3）编辑区

编辑区是WPS文字窗口的主体部分，主要用来输入和编辑文档的内容。

4）任务窗格

任务窗格主要用于显示各种设置功能的窗口，可以更快更简单地使用所需要的功能，提高工作效率。

5）状态栏

状态栏位于窗口底部，用于显示文档状态，可以看到文档的"字数"和"页数"，还包含"拼写检查"和"内容检查"开关。状态栏右侧为"视图切换"按钮，视图切换按钮可以切换不同的视图风格，有阅读模式、Web模式、写作模式、大纲模式、页面模式，默认为页面模式，还可以打开护眼模式，可以调节页面缩放比例等。

2. 新建WPS空白文件

在操作当前文件时需要新建空白文档，方法有以下几种：

① 按【Ctrl+N】组合键新建文档。

② 选择"文件"→"新建"命令新建文档。

③ 单击"当前文档"右侧的+号也可以快速新建空白文档。

④ 通过文档左上角"首页"→"新建"选项新建文档。

3. 保存和命名

保存文档的常用方法有如下几种：

① 按【Ctrl+S】组合键保存，首次保存需要对文档进行命名。

② 选择"文件"→"保存"命令保存文档，首次保存需要对文档进行命名。

③ 选择"文件"→"另存为"命令保存文档，保存时可以对文档进行命名。

④ 单击"文件"菜单右侧的"保存"按钮 保存文档。

4. 打开文件

在操作当前文件时需要打开新的文档，常用方法有以下几种：

① 按【Ctrl+O】组合键，弹出"打开"对话框，选择文件所在位置，选中文件打开。

② 选择"文件"→"打开"命令，弹出"打开"对话框，选择文件所在位置，选中文件打开。

③ 通过文档左上角"首页"→"打开"打开对话框，选择文件所在位置，选中文件打开。

④ 如果需要同时打开多个文件，可以按住【Shift】键或【Ctrl】键选择多个文件并右击，在弹出的快捷菜单中选择"打开"命令。

5. 设置文字格式

设置文字格式可以在功能区通过快捷按钮进行设置，如图3-1-6所示，也可以单击右下角的 ⌐ 按钮，弹出"字体"对话框，在其中进行设置。

项目三 WPS 文字

图 3-1-6 文字格式功能区

在编辑文档时可以通过更改字体、字形、字号和字体颜色等来设置文本格式，如图3-1-7所示。在"字体"对话框中选择"字体"选项卡，在其中设置字体，选择"字符间距"选项卡，在其中设置字符间距的缩放、间距和位置等格式，如图3-1-8所示。

图 3-1-7 "字体"选项卡

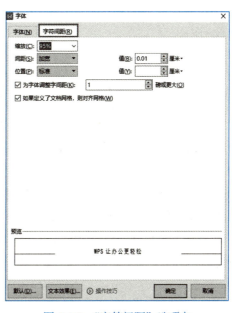

图 3-1-8 "字符间距"选项卡

文字格式还可以设置文本的文字效果、给文字加上颜色底纹以凸显文字内容和给所选内容添加灰色底纹等设置。

设置文本的文字效果，需要先选中相应的文本，然后在"开始"选项卡的功能区"字体"选项组中进行设置，如图3-1-9所示。

图 3-1-9 艺术字

突出显示文本，同样需要先选中相应的文本，然后在"开始"选项卡的功能区"字体"选项组中进行设置，如图3-1-10所示。

图 3-1-10　突出显示文本

给所选内容添加底纹，同样在"开始"选项卡的功能区"字体"选项组中进行设置，如图3-1-11所示。

图 3-1-11　字符底纹

6. 设置段落格式

设置段落格式可以在功能区通过快捷按钮进行设置，也可以通过单击右下角的 ↘ 按钮，弹出"段落"对话框，在其中进行设置，如图3-1-12所示。

图 3-1-12　段落设置

文档编辑中除了设置文字格式外，还需要进行段落设置，段落的划分是以回车符为标志，一个回车符表示一个段落的结束，同时也表示下一个段落的开始。段落的设置主要有对齐方式、缩进、间距与行距、项目符号、边框和底纹等。

1）设置段落对齐方式、缩进、间距与行距

可以使用功能区工具进行设置，也可以通过图3-1-13所示的"段落"对话框进行设置。

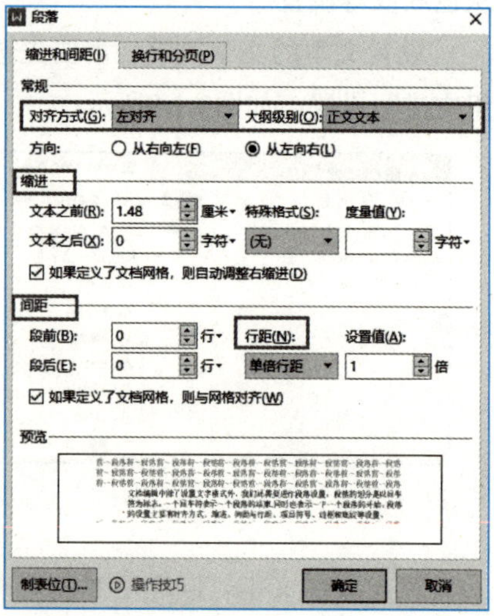

2）设置项目符号和编号

项目符号是放在文本前以添加强调效果的点或其他符号。编号是放在文本前具有一定顺序的编号。合理使用项目符号和编号，可以使文档的层次结构更清晰、更有条理。

为段落创建项目符号，需要先选中相应的段落，然后在"开始"选项卡的功能区"段落"选项组中进行设置，如

图 3-1-13　"段落"对话框

图3-1-14所示。也可以在下拉菜单中选择"自定义项目符号"命令,弹出"项目符号和编号"对话框,单击"自定义"按钮,弹出"自定义项目符号列表"对话框,如图3-1-15所示。

图 3-1-14　项目符号

图 3-1-15　"自定义项目符号列表"对话框

为段落创建编号时,也需要先选中相应的段落,然后在"开始"选项卡的功能区"段落"选项组中进行设置,如图3-1-16所示。也可以在下拉菜单中选择"自定义编号"命令,弹出"项目符号和编号"对话框,单击"自定义"按钮,弹出"自定义编号列表"对话框,如图3-1-17所示。

图 3-1-16　编号

3）设置段落边框和底纹

设置段落边框是为整段文字添加边框，将光标定位到段落中，然后在"开始"选项卡的功能区"段落"选项组中进行设置，如图3-1-18所示。也可以在下拉菜单中选择"边框和底纹"命令，弹出"边框和底纹"对话框，选择"边框"选项卡，在其中进行设置，如图3-1-19所示。

设置段落底纹是为整段文字添加背景颜色，将光标定位到段落中，然后在"开始"选项卡的功能区"段落"选项组中进行设置，如图3-1-20所示。可以设置主题色、标准色，也可以通过设置其他颜色进行自定义颜色。也可以在"边框和底纹"对话框中选择"底纹"选项卡，在其中进行设置，如图3-1-21所示。

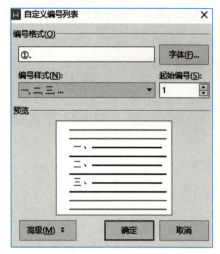

图 3-1-17 "自定义编号列表"对话框

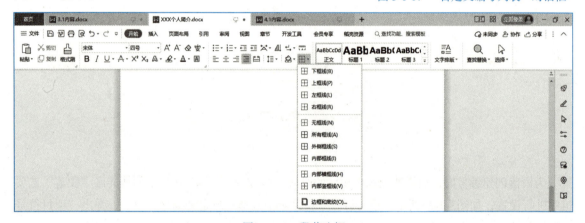

图 3-1-18 段落边框

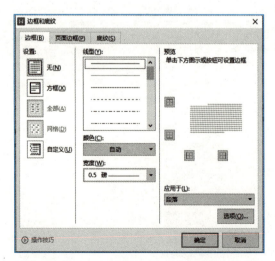

图 3-1-19 "边框和底纹"对话框的"边框"选项卡

项目三　WPS 文字　73

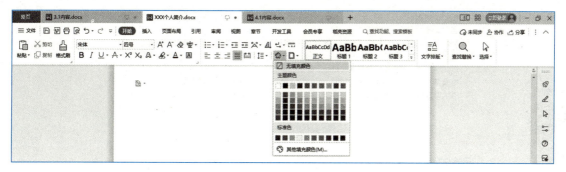

图 3-1-20　段落底纹

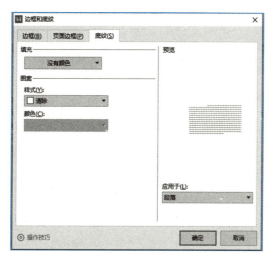

图 3-1-21　"边框和底纹"对话框的"底纹"选项卡

任务实施

本任务的实施整体过程如下：

1. 创建并保存WPS文档

启动WPS Office，打开"首页"窗口，单击"新建"按钮，弹出"新建"对话框，单击"文字"按钮，单击"空白文档"按钮，进入空白文档窗口。

选择"文件"→"保存"命令，弹出"另存文档"对话框，选择文件的保存位置，然后在"文件名"文本框中输入"×××个人简介"，单击"保存"按钮保存文档。

2. 编辑文档内容

在已保存的空白文档"×××个人简介"中，按照效果图中的内容编辑录入文本，如图3-1-22所示。

视　频

创建并保存文档

视　频

编辑文档内容

XXX 个人简介
各位老师、同学，大家好：
我叫XXX，来自XXX学校，我在高中时担任过班长，爱好是打篮球，希望和我们班的男生在课余时间可以一块打篮球，我觉得上大学我们不仅仅是要学习专业知识的，更重要的是要体验大学生活，我会积极参与学校和班级组织的各项活动，同时遵守学校和班级的规章制度，认真学习，不仅学习科学理论知识，坚持学以致用，注意加强综合素质的培养。
在大学期间，我希望能够学有所得，和同学们共同进步，期待我们未来的大学生活，谢谢大家。

图 3-1-22　录入文档

设置文字格式

3. 设置文字格式

① 设置第一段文本为标题，设置字体格式为"黑体，三号"，其他几段文本为段落内容，设置字体格式为"宋体，四号"，如图3-1-23所示。

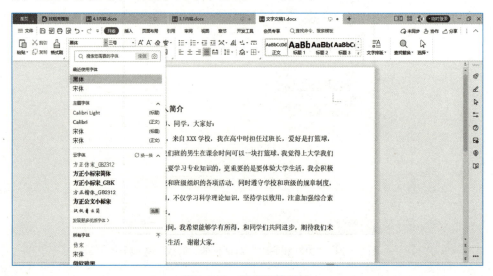

图 3-1-23　设置字体格式

② 设置第二段文本为艺术字效果"黑色，文本1，阴影"，如图3-1-24所示；设置第三段文本突出显示"灰色-25%"，如图3-1-25所示；设置第四段文本添加"字符底纹"，如图3-1-26所示。

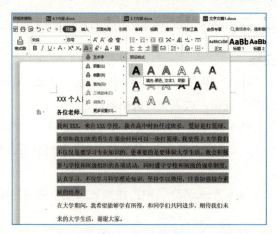

图 3-1-24　艺术字效果

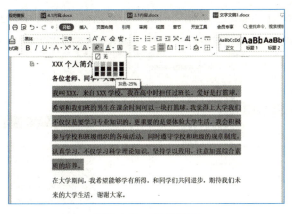

图 3-1-25　突出显示

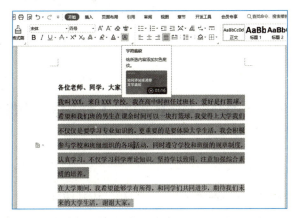

图 3-1-26　字符底纹

4. 设置段落格式

① 设置标题文本"居中对齐",设置第二段文本"左对齐",第三段、第四段文本"首行缩进,2个字符",段落内容行间距为"1.5倍行距",如图3-1-27至图3-1-29所示。

图 3-1-27　居中对齐

图 3-1-28　左对齐

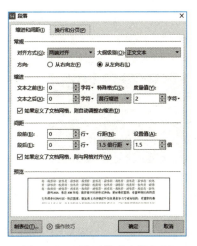

图 3-1-29　设置缩进和行间距

②设置标题文本底纹为"深红色",给所有文本添加边框,如图3-1-30和图3-1-31所示。

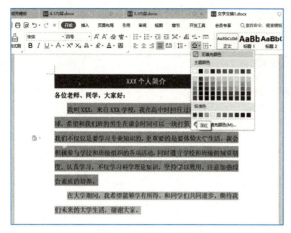

图 3-1-30 段落底纹

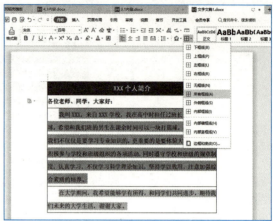

图 3-1-31 段落边框

至此,完成任务一的全部操作。

任务二 编辑 Web 前端工作室纳新海报

任务引入

新学期开始,信息工程系的Web前端工作室要组织一次社团纳新活动,需要制作一张纳新活动海报。指导教师王老师将此任务交给了社团负责人刘晓明,由刘晓明完成工作室纳新海报的初稿。本任务效果如图3-2-1所示。

图 3-2-1 Web 前端工作室纳新海报效果图

项目三　WPS 文字

任务要求

1. 创建文档并设置其文本样式，标题字体为"华文新魏"，字号为"小一"，文本居中显示。段落文本设置字体为"华文新魏"，字号为"小三"。

2. 插入艺术字，并设置其样式为"渐变填充-矢车菊蓝、倒影"、离轴1左。

3. 插入图形，并设置其样式。水平直线宽度25.5 cm，高度0.03 cm；垂直直线宽度0.03 cm，高度14.5 cm；星星为爆炸形1、"红色-栗色渐变"。

4. 插入图片，并设置其样式。图片高度设置为6 cm、四周型环绕。

任务分析

Web前端工作室纳新海报通过使用WPS Office文字处理软件中的图文混排实现。本任务制作中运用的操作包括文本的输入及格式的设置，图片、图形、艺术字的插入及格式的设置等。本次任务实现的思维导图如图3-2-2所示。

图 3-2-2　任务二思维导图

相关知识

1. 插入、编辑图片

1）插入图片

单击"插入"选项卡中的"图片"按钮，如图3-2-3所示。在展开的下拉菜单中选择插入图片的来源，包括"本地图片（P）""来自扫描仪（S）""手机图片/拍照"三个命令，如选择插入"本地图片（P）"命令，弹出"插入图片"对话框，如图3-2-4所示，找到即将插入图片的位置，选中要插入的图片，单击"打开"按钮即可插入一幅图片，如图3-2-5所示。

2）编辑图片

单击图片后，在右侧会显示"快速工具栏"，如图3-2-6所示，通过"快速工具栏"可以调整图片；右击图片，在弹出的快捷菜单中选择"设置对象格式"命令，弹出"属性"任务窗格，如图3-2-7所示，设置图片格式；另外，选中图片，在功能区中会出现"图片工具"选项卡，如图3-2-8所示，可以设置图片格式。

图 3-2-3　"插入"选项卡

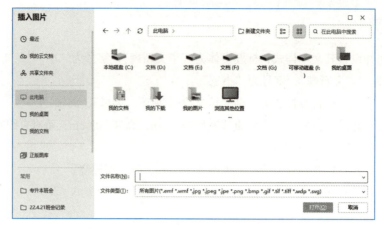

图 3-2-4　插入本地图片

图 3-2-5　插入图片

图 3-2-6　图片右侧"快速工具栏"

图 3-2-7　设置对象格式

图 3-2-8 "图片工具"选项卡

单击"图片工具"选项卡中的"裁剪"下拉按钮，展开下拉菜单，选择"重设形状和大小"命令可更改图片的形状和大小。单击"色彩"下拉按钮，展开下拉菜单，选择相应命令，可调整图片效果。单击"环绕"下拉按钮，展开的下拉菜单中提供各种环绕方式，插入图片后，默认环绕方式为"嵌入型"，这种方式不能灵活移动图片，更改为"上下型环绕"或"四周型环绕"后可灵活移动图片。

2. 插入、编辑图形

WPS 中的形状包括线条、矩形、基本形状、箭头总汇、公式形状、流程图、星与旗帜、标注等8类自选图形。

1）插入图形

单击"插入"选项卡中的"形状"下拉按钮，展开下拉菜单，如图3-2-9所示，选择要绘制的图形，如选择"矩形"区中的"圆角矩形"，鼠标指针变成"十"字形状，拖动鼠标绘制出圆角矩形，用类似方法绘制其他图形。

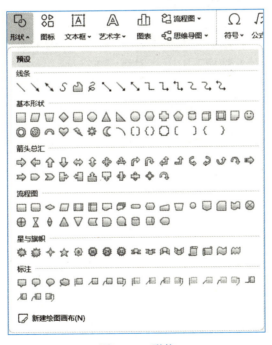

图 3-2-9 形状

2）设置图形格式

选中图形，在功能区中出现"绘图工具"选项卡，如图3-2-10所示。在"绘图工具"选项卡中对图形的格式样式进行设置。

图 3-2-10 "绘图工具"选项卡

单击"编辑形状"下拉按钮,展开下拉菜单,选择"更改形状"命令,选择图形,可改变图形的形状,选择"编辑顶点"命令,然后拖动顶点可自由改变图形形状。可以对图形的样式进行修改,单击"填充"按钮,可以设置形状填充,单击"轮廓"按钮,可以设置形状边框,还可以通过"效果"按钮给图形添加阴影的效果。

通过单击设置图形高、宽选项组中的 按钮,如图3-2-11所示,打开"布局"对话框,如图3-2-12所示,可以通过其设置图形的大小和位置。

图 3-2-11 设置形状尺寸

图 3-2-12 "布局"对话框

当在文档中插入多个图形后,如果要对多个图形进行排列,可以使用"绘图工具"选项卡中的按钮,如图3-2-13所示,单击"环绕"下拉按钮,展开下拉菜单,可调整图形环绕方式。单击"对齐"下拉按钮,可以快速对齐图形,如图3-2-14所示。单击"旋转"下拉按钮,展开下拉菜单,可以旋转或翻转所选对象。选中多个图形,单击"组合"下拉按钮,展开下拉菜单,可以将多个图形组合为一个图形,进行整体调整位置和大小等操作。单击"上移"和"下移"按钮,展开下拉菜单,

项目三 WPS 文字

可调整图形图层。单击"选择窗格"按钮，打开"选择窗格"任务窗格，可以查看当前页面有哪些对象及对象的名称。

图 3-2-13　排列图形　　　　　　　　　　图 3-2-14　图形对齐

任务实施

本任务的实施整体过程如下：

插入文本并设置格式 → 插入艺术字并设置格式 → 插入图形并设置格式 → 插入图片并设置格式

1. 创建文档

启动WPS Office，打开"首页"窗口，单击"新建"按钮，单击"文字"按钮，弹出"新建文字"对话框，单击"空白文档"按钮，即可打开一个新的文档。

选择"文件"→"保存"命令，弹出"另存为"对话框，选择文件保存位置，在"文件名称"文本框中输入文件名"Web前端工作室纳新海报"，单击"保存"按钮保存文档，如图3-2-15所示。

2. 输入文本并设置文本样式

在新建的文档中输入标题和段落。选择标题，在"开始"选项卡中设置文本样式，字体为"华文新魏"，字号为"小一"，文本居中显示，如图3-2-16所示，为了后边添加艺术字效果，将标题上方空出一行。再选择段落文本，设置字体为"华文新魏"，字号为"小三"。

视频

创建文档

视频

输入文本并设置文本样式

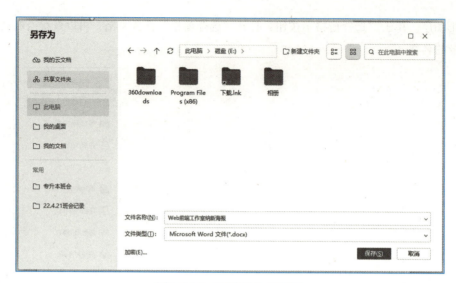

图 3-2-15 "另存为"对话框

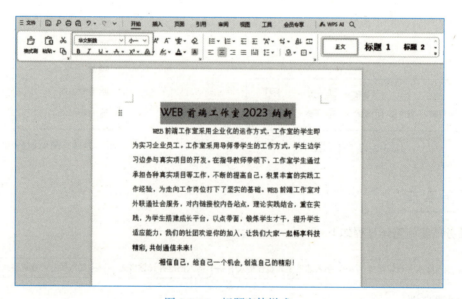

图 3-2-16 标题字体样式

单击"页面"选项卡中的"纸张方向"下拉按钮,展开下拉菜单,选择纸张方向为"横向",如图3-2-17所示。

3. 插入艺术字并设置其样式

单击"插入"选项卡中的"艺术字"按钮,展开下拉菜单,选择"艺术字预设"→"渐变填充-矢车菊蓝、倒影"命令,如图3-2-18所示。在文本框中输入文字"未来已来",单击"文本工具"选项卡中的"效果"按钮,展开下拉菜单,选择"三维旋转"→"平行"→"离轴1左"命令,拖动艺术字将其放到标题左侧的合适位置,如图3-2-19所示。用同样的方法,再插入艺术字"你来不来",将其放置在文档右下角,效果如图3-2-20所示。

视频

艺术字及样式设置

图 3-2-17　设置纸张横向

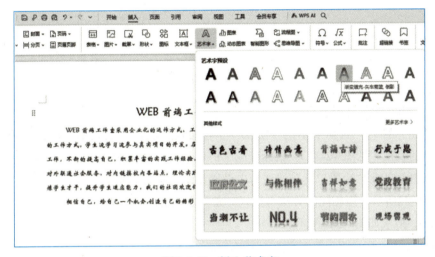

图 3-2-18　插入艺术字

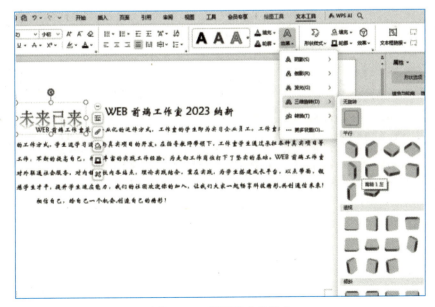

图 3-2-19　设置艺术字样式

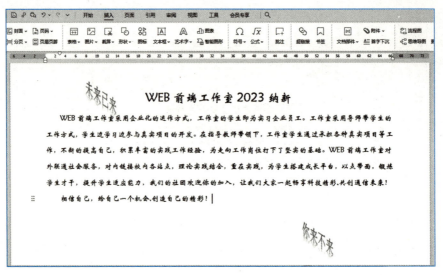

图 3-2-20　艺术字效果

4. 插入图形并设置其样式

插入图形并设置样式

单击"插入"选项卡中的"形状"下拉按钮，展开下拉菜单，选择"预设"→"线条"中的直线（见图3-2-21）。鼠标变成"+"字形状，在文档的上方水平插入一条直线。选择这条直线，在"绘图工具"选项卡中设置直线的样式，宽度为25.5 cm，高度为0.03 cm，如图3-2-22所示。用相同的方法再插入一条与之相交的垂直直线，宽度为0.03 cm，高度为14.5 cm，效果如图3-2-23所示。

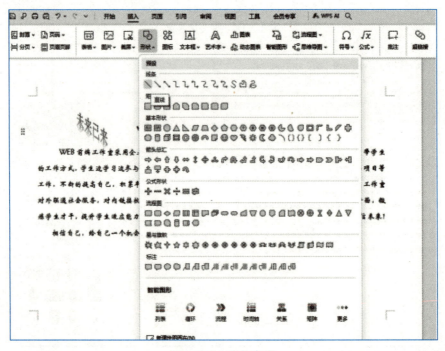

图 3-2-21　形状直线

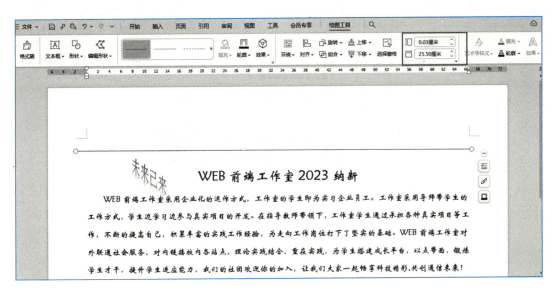

图 3-2-22　直线样式

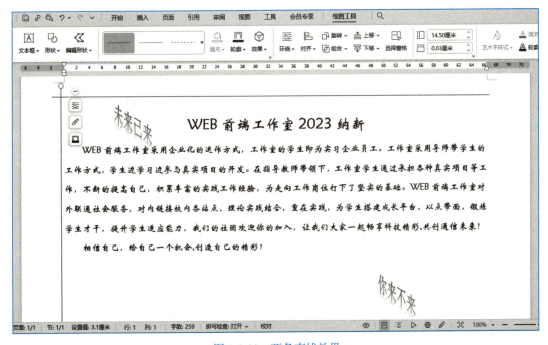

图 3-2-23　两条直线效果

单击"插入"选项卡中的"形状"下拉按钮，展开下拉菜单，选择"预设"→"星与旗帜"中的爆炸形1。鼠标指针变成"+"字形状，拖动鼠标画出图形，将其放置在标题的右侧。选择此图形，单击"绘图工具"选项卡中的"填充"→"渐变填充"→"红色-栗色渐变"命令，如图3-2-24所示。右击此图形，在弹出的快捷菜单中选择"编辑文字"命令，在其中输入"HOT"，效果如图3-2-25所示。

86 信息技术基础（Windows 10+WPS Office）

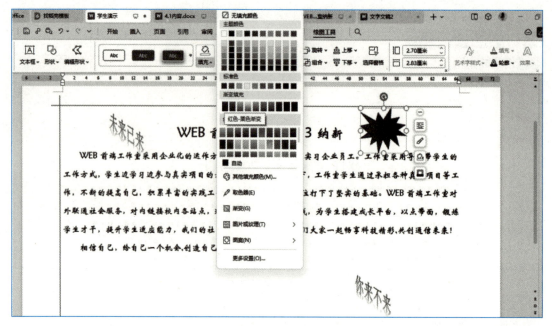

图 3-2-24　爆炸形设置

图 3-2-25　爆炸形添加文字

5. 插入图片并设置其样式

将光标放在第二段的开头处，单击"插入"选项卡中的"图片"下拉按钮，展开下拉菜单，选择"本地图片（P）"命令，选择要插入的图片插入到文中，在"绘图工具"选项卡中将图片的高度设置为6 cm，在"环绕"下拉菜单中选择"四周型环绕"，鼠标拖动图片，将其放在合适的位置，如图3-2-26所示。

● 视　频

插入图片并设置格式

项目三　WPS 文字　87

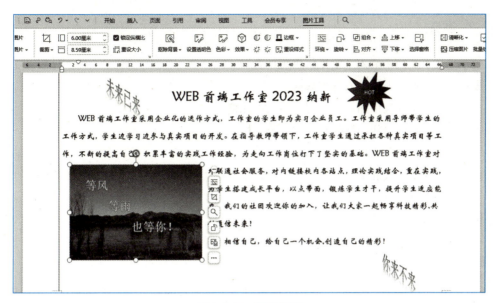

图 3-2-26　图片位置

任务三　制定学生信息统计表

任务引入

你是一名老师，需要在期末整理学生的信息。这时，你会选择使用什么样的方式来整理和展示这些信息呢？我相信，很多同学会想到使用表格。没错，表格是一种非常直观且有效的方式来展示和整理这类信息。它能帮助我们快速理解数据之间的关系，也能方便我们进行数据的对比和分析。那么，同学们知道吗，在WPS文档编辑中也有表格编辑功能，可以直观地在文档中展示信息，和文档的内容结合起来，更加生动形象。本任务效果如图3-3-1所示。

学生信息统计表是一个用于记录和整理学生基本信息的工具，通常包括学生的姓名，性别、年龄、班级、学号、联系方式等关键信息。这个表格在学校的日常管理和教学工作中发挥着重要的作用。

表1　学生信息统计表

班级	学号	姓名	年龄	数学成绩	英语成绩	成绩排名

图 3-3-1　学生信息统计表效果

任务要求

1. 在WPS文字文档中插入"学生信息统计表"。
2. 按照不同的数据类型输入各列数据。
3. 在学生信息统计表中插入行、列,插入单元格。
4. 表格中进行删除操作,删除行、列、单元格。
5. 学生信息表中调整表格行高和列宽。
6. 置表格的对齐方式和文字环绕方式,设置表格的边框和底纹,设置单元格的边距。
7. 学生信息表合并与拆分单元格。
8. 排序表格数据,计算表格数据。

任务分析

学生信息统计表包括新建表格、数据的编辑以及表格数据的格式化,本任务制作中运用了电子表格处理基本操作,如各种类型数据的输入、数据行列的插入和删除、工作表数据的处理、工作表的格式、单元格的格式等。本任务思维导图如图3-3-2所示。

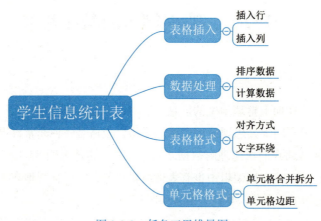

图 3-3-2　任务三思维导图

相关知识

WPS文字中的表格功能强大,"表格工具"选项卡是一个强大的功能集合,它允许用户轻松创建、编辑和格式化表格。"表格工具"选项卡如图3-3-3所示。

视频　表格工具的介绍

以下是关于WPS文字中"表格工具"选项卡的一些详细介绍:

1. 创建表格

插入表格:单击"插入"选项卡中的"表格"下拉按钮,展开下拉菜单,可以选择预设的表格大小,或者通过拖动鼠标自定义表格的行数和列数。

绘制表格:单击"插入"选项卡中的"表格"下拉按钮,展开下拉菜单,选择"绘制表格"命令,使用鼠标直接在文档中绘制表格的边框,创建自定义大小的表格。

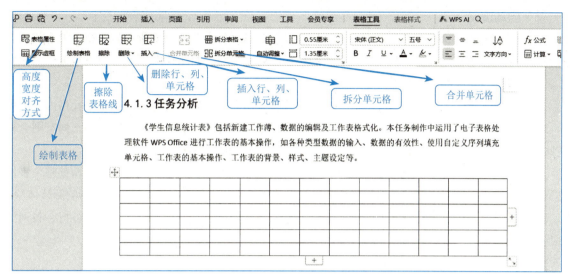

图 3-3-3　WPS 文字"表格工具"选项卡

2. 表格属性

表格属性允许调整表格的基本尺寸和外观。可以设置表格的行数和列数,并调整每个单元格的大小。

可以设置表格的对齐方式,选择左对齐、居中对齐或右对齐,并设置左缩进距离。如果希望页面上的文本环绕在表格周围,可以选择"文本环绕"选项,并通过"定位"功能精确控制文本环绕的效果。

此外,还可以根据需要设置表格的样式和边框,包括选择边框的样式、线条颜色和线条宽度,使表格更加美观和易于阅读。图3-3-4所示为"表格属性"对话框。

图 3-3-4　"表格属性"对话框与"边框和底纹"对话框

表格属性还提供了详细的单元格属性设置,如图3-3-5所示。单击要更改的单元格,在"表格属性"对话框中选择"单元格"选项卡,设置单元格的宽度。此外,还可以设置单元格的上边距和下边距、单元格间距以及单元格对齐方式等属性，以满足特定的排版需求。

3. 自动调整

WPS文字中的"表格工具"提供了自动调整功能，该功能允许用户根据内容、窗口大小或预设的列宽自动调整表格的列宽，从而优化表格的显示效果和布局，如图3-3-6所示。以下是关于"表格工具"自动调整功能的详细介绍：

根据内容自动调整：当选择"根据内容自动调整表格"时，WPS会根据表格中单元格内容的多少自动调整列宽。如果单元格内容较多，列宽会自动增加以适应内容；如果内容较少，列宽则会相应减小。这种调整方式可以确保表格内容完整显示，同时避免不必要的空白。

适应窗口大小：选择"适应窗口大小"时，WPS会根据当前文档窗口的大小自动调整整个表格的宽度。这有助于确保表格在文档中保持适当的比例和位置，避免表格过大或过小而影响阅读体验。

平均分布各行、各列：WPS中的"表格工具"自动调整功能，可以轻松实现表格各行、各列的平均分布，提高表格的可读性和美观。

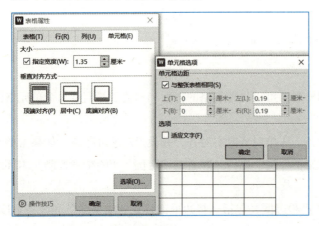

图 3-3-5　单元格选项

图 3-3-6　自动调整

4. 拆分表格

在WPS文字中，使用"表格工具"拆分表格的方法主要有两种：按行拆分和按列拆分。单击"表格工具"选项卡中的"拆分表格"→"按行拆分"或者"按列拆分"命令即可将一个表格拆分成两个表格。

任务实施

本任务的实施整体过程如下：

1. 在WPS文字文档中创建表格

1）使用"插入"选项卡中的"表格"按钮快速插入表格

① 将插入点定位到文档中需要插入表格的位置。

② 单击"插入"选项卡中的"表格"下拉按钮,展开下拉菜单。

③ 在下拉菜单的"插入表格"网格中向右下方移动鼠标指针,网格的左上区域将高亮显示,同时在文档中预览插入表格的效果,在表格网格上方的提示栏中显示相应的行数和列数,设置需要的行、列数,这里为6行8列,即6×8的表格,如图3-3-7所示。

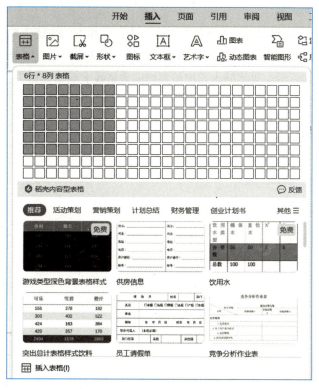

视 频

表格的基本操作

图 3-3-7 预览方式插入表格

2)使用"插入表格"对话框插入表格

① 将插入点定位到需要插入表格的位置。

② 单击"插入"选项卡中的"表格"下拉按钮,展开下拉菜单,选择"插入表格"命令,弹出"插入表格"对话框,如图3-3-8所示。

③ 在"表格尺寸"区域的"列数"数值微调框中输入所需的列数数值,在"行数"数值微调框中输入所需的行数数值,也可以单击数值框右侧的微调按钮改变列数或行数,对话框中的其他选项保持不变,然后单击"确定"按钮,在文档中插入点位置将会插入一个指定行数和列数的标准表格。

在"插入表格"对话框中还可以进行以下设置:

在"固定列宽"数值框中可以设置各列的宽度,系统默认模式为"自动",即表格占满整行,各列平分文档版心宽度。若选中"为新表格记忆此尺寸"复选框,可以在下次使用"插入表格"命令时

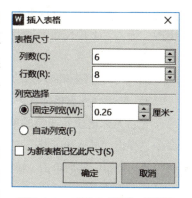

图 3-3-8 "插入表格"对话框

使用已设定的行数、列数和列宽等参数。

也可以手工绘制表格，但绘制表格操作比较烦琐，通常先插入一个标准表格，然后根据需要绘制少量的表格线或删除不必的表格线。

2. 表格中的插入操作

1）WPS文档表格插入列

方法一：先将光标定位到需要插入列的位置并右击，在弹出的快捷菜单中选择"插入"→"在左侧插入列"命令（右侧），如图3-3-9所示，即可在选中列的左侧（右侧）插入一列。

方法二：如图3-3-10所示，先将插入点定位到横向表格线上或单元格中，出现带圈的+号，单击该带圈的+号，即可快捷插入一列。

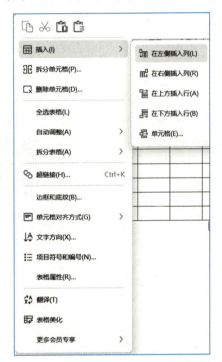

图 3-3-9 插入列

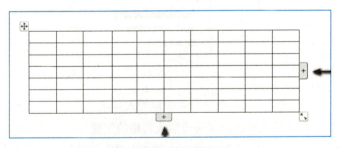

图 3-3-10 快速插入列

方法三：如图3-3-11所示，先将光标定位到需要插入列的位置，然后单击"表格工具"选项卡中的"插入"下拉按钮，展开下拉菜单，选择"左侧插入列"或者"在右侧插入列"命令，即可插入一列。

插入行的方法和插入列的方法相同。

2）WPS文档表格插入单元格

先将光标定位到选定的单元格中并右击，在弹出的快捷菜单中选择"插入"→"插入单元格"命令，弹出"插入单元格"对话框，如图3-3-12所示，选择"活动单元格右移"或"活动单元格下移"单选按钮，然后单击"确定"按钮，即可插入一个单元格。

项目三 WPS 文字 93

图 3-3-11 快速插入列　　　　　　　　　图 3-3-12 插入单元格

3. 表格中的删除操作

1）删除行

方法一：选定待删除的行并右击，在弹出的快捷菜单中选择"删除单元格"命令，选择"删除整行"单选按钮，即可删除选定的行，如图3-3-13所示。

图 3-3-13 右键快捷菜单删除行

方法二：先将光标定位到待删除行的任一单元格中，然后单击"表格工具"选项卡中的"删除"下拉按钮，展开下拉菜单，选择"行"命令，如图3-3-14所示，即可删除该行。删除列操作与删除行操作类似。

图 3-3-14 快捷按钮删除行

2）删除单元格

方法一：将光标定位到待删除的单元格中并右击，在弹出的快捷菜单中选择"删除单元格"命令，弹出"删除单元格"对话框，选择"右侧单元格左移"或"下方单元格上移"单选按钮，然后单击"确定"按钮，即可删除该单元格，如图3-3-15所示。

方法二：先将光标定位到待删除的单元格中，然后单击"表格工具"选项卡中的"删除"下拉按钮，展开下拉菜单，选择"删除单元格"命令，后续操作方法与"删除单元格"的方法一相同。

图 3-3-15　右键快捷菜单删除单元格

> **提示：**
> 在"删除单元格"对话框中选择"删除整行"单选按钮可以删除行，选择"删除整列"单选按钮可以删除列。

3）删除表格

方法一：选择整个表格并右击，在弹出的快捷菜单中选择"删除表格"命令，即可删除所选定的表格，如图3-3-16所示。

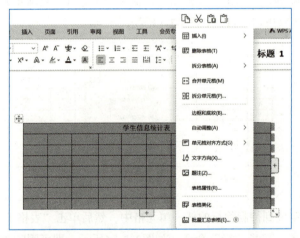

图 3-3-16　右键快捷菜单删除表格

方法二：先将光标移动到待删除表格的任一个单元格中，然后单击"表格工具"选项卡中的"删除"下拉按钮，展开下拉菜单，选择"删除表格"命令，即可删除该表格，如图3-3-17所示。

图 3-3-17　快捷按钮删除表格

> **提示：**
> 选中行、列、单元格和表格后，利用快捷菜单中的"剪切"命令也可以实现删除表格对象的操作。

4）删除表格中的内容

选定表格中的内容后，按【Delete】键删除表格中的内容，但不会删除表格对象。

4. 调整表格行高和列宽

1）拖动鼠标粗略调整行高

当鼠标移过单元格的横向边线，鼠标指针变为带有上下箭头的双横线形状时，按住鼠标左键并且上下拖动鼠标，则会减少或增加行高，并且对相邻行的高度没有影响。调整列宽的方法相同。

2）平均分布各行

选定表格中多行后右击，在弹出的快捷菜单中选择"表格属性"→"平均分布各行"命令，所选中行的高度将变为相同，如图3-3-18所示。调整列宽的方法相同。

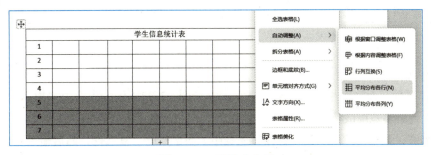

图 3-3-18　平均分布行

3）使用"表格属性"对话框精确调整表格的宽度、行高和列宽

将光标插入点定位到表格的单元格中，单击"表格工具"选项卡中的"表格属性"按钮，或者右击，在弹出的快捷菜单中选择"表格属性"命令，弹出"表格属性"对话框，其中有四个选项卡：表格、行、列、单元格，如图3-3-19所示。

（1）设置表格宽度

在"表格属性"对话框中选择"表格"选项卡，选中"指定宽度"复选框，然后输入或调整宽度数字，这里输入20 cm，可以精确设置整个表格的宽度，度量单位可以为厘米或者百分比，如图3-3-20所示。

（2）设置行高

在"表格属性"对话框中选择"行"选项卡，如图3-3-21所示，"尺

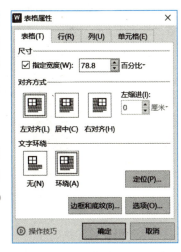

图 3-3-19　"表格属性"对话框

寸"区域内显示当前行的行高，选中"指定高度"复选框，然后输入或调整高度数值，精确设置行高。

如果需要继续设置下一行的行高，则单击"下一行"按钮，先选中"指定高度"复选框，然后输入高度数值即可。

在"表格属性"对话框中选择"行"选项卡,单击"上一行"或者"下一行"按钮,可以查看各行的行高。

对于内容较多的大表格,选中"允许跨页断行"复选框,允许表格行中的文本跨页显示。

图 3-3-20　设置表格尺寸

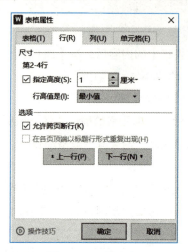

图 3-3-21　设置行

（3）设置列宽

在"表格属性"对话框中选择"列"选项卡,如图3-3-22所示,先选中"指定宽度"复选框,然后通过输入或调整宽度值精确设置列宽,这里输入1 cm,度量单位选择"厘米",如果需要继续设置下一列的列宽,则单击"后一列"按钮,先选中"指定宽度"复选框,然后输入宽度数值,度量单位选择"厘米"。

在"表格属性"对话框中选择"列"选项卡,单击"前一列"或者"后一列"按钮,可以查看各列的列宽。

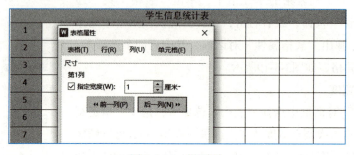

图 3-3-22　设置列

（4）设置单元格属性

在"表格属性"对话框中选择"单元格"选项卡,如图3-3-23所示,该选项卡可以与"列"选项卡配合,指定单元格的宽度、文本在单元格中的垂直对齐方式,包括顶端对齐、居中、底端对齐。单击"选项"按钮,弹出"单元格选项"对话框,设置单元格的边距。

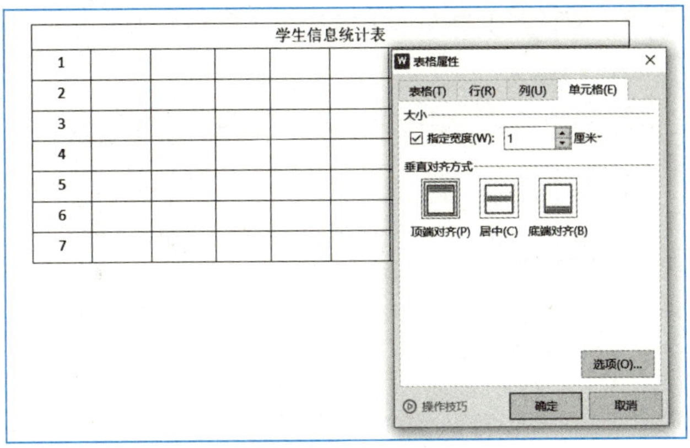

项目三 WPS 文字

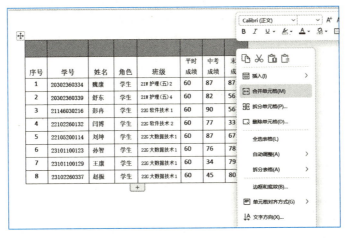

图 3-3-23　设置单元格

表格设置完成后,单击"确定"按钮,使设置生效并关闭"表格属性"对话框。

5. 合并拆分单元格

对于较复杂的不规则表格,可以先创建规则表格,然后通过合并多个单元格或者拆分单元格得到所需的不规则表格。

1) 单元格的合并

方法一:使用快捷菜单中的"合并单元格"命令对多个单元格进行合并。

选定需要合并的两个或者多个单元格后右击,在弹出的快捷菜单中选择"合并单元格"命令,即可将两个或者多个单元格合并为一个单元格,如图3-3-24所示。

图 3-3-24　右键快捷菜单合并单元格

方法二:使用"表格工具"选项卡中的"合并单元格"按钮对多个单元格进行合并。

选定需要合并的两个或者多个单元格,单击"表格工具"选项卡中的"合并单元格"按钮,即可将两个或者多个单元格合并为一个单元格,如图3-3-25所示。

方法三:使用擦除表格线的方法对多个单元格进行合并。

单击"表格工具"选项卡中的"擦除"按钮,鼠标指针变为橡皮擦的形状,按下鼠标左键并拖动鼠标可以将表格线擦除，即将两个单元格予以合并。然后再次单击的"擦除"按钮，取消擦除状态。

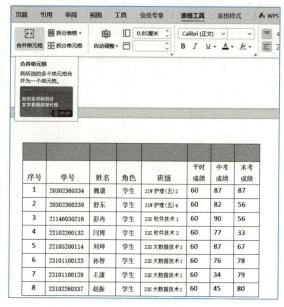

图 3-3-25 选项卡按钮合并单元格

2）单元格的拆分

将光标定位于需要拆分的单元格中并右击，在弹出的快捷菜单中选择"拆分单元格"命令（见图3-3-26），或者单击"表格工具"选项卡中的"拆分单元格"按钮，弹出"拆分单元格"对话框，如图3-3-27所示。然后输入或调整列数或行数数字，单击"确定"按钮，即可将一个单元格拆分为多个单元格。

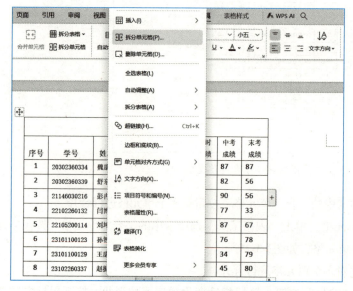

图 3-3-26 选择"拆分单元格"命令　　　　图 3-3-27 "拆分单元格"对话框

6. 设置表格的格式

1) 设置表格的对齐方式和文字环绕方式

在"表格属性"对话框中选择"表格"选项卡，设置表格在文档中的水平对齐方式，包括"左对齐""居中""右对齐"三种方式，也可以设置文字环绕方式，分为"无环绕""环绕"两种方式，设置完成后单击"确定"按钮即可，如图3-3-28所示。

视 频

表格的格式和排序

2) 设置表格的边框和底纹

WPS文字中的表格，其边框线默认为0.5磅的单实线，可以对表格的边框和底纹进行设置，表现出不同的风格。

将光标置于表格中，单击"开始"选项卡中的"边框"下拉按钮，展开下拉菜单，选择"边框和底纹"命令，弹出"边框和底纹"对话框，选择"边框"选项卡，在其中可以对表格的边框进行相应的设置操作。

在"边框和底纹"对话框中选择"底纹"选项卡，在其中可以对表格的底纹进行相应的设置操作，如图3-3-29所示。

图3-3-28 设置对齐方式和环绕方式

图3-3-29 "边框和底纹"对话框

3) 设置单元格的边距

通常表格单元格中的文字与单元格边框线之间需要保持一定距离，这样可读性较强，具有美感。单元格中文字与边框线的距离称为单元格边距。WPS文字中可以调整表格中所有单元格或者部分单元格的边距，操作步骤如下：

先将光标定位于单元格中或者选定多个单元格，在"表格属性"对话框中选择"单元格"选项卡，单击"选项"按钮，弹出"单元格选项"对话框，取消选择"与整张表格相同"复选框，然后设置单元格的上、下、左、右边距，还可以设置"自动换行"和"适应文字"选项，如图3-3-30所示。设置完成后单击"确定"按钮返回"表格属性"对话框。

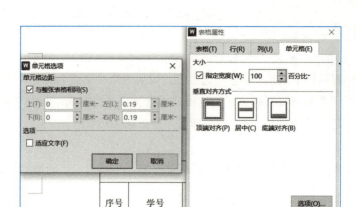

图 3-3-30　设置单元格边距

7. 数据的排序操作

除了可以在WPS表格中分析数据外，用户在WPS文字中也可以进行简单的数据排序。具体操作步骤如下：

选择表格第1行至第8行，单击“表格工具”选项卡中的“排序”按钮，弹出“排序”对话框，在“主要关键字”下拉列表中选择“列7”选项，选择升序（中考成绩），然后单击“确定”按钮，返回文档后，可发现“中考成绩”列中的数据将按照从低到高的顺序排列，如果总成绩相同，则会按照“中考成绩”列中的拼音首字母的顺序进行排列，如图3-3-31所示。

学生信息统计表

序号	学号	姓名	角色	班级	平时成绩	中考成绩	末考成绩
1	20302360334	魏康	学生	21W护理(五)2	60	87	87
2	20302360339	舒东	学生	21W护理(五)4	60	82	56
3	21146030216	彭冉	学生	22G软件技术1	60	90	56
4	22102260132	闫博	学生	22G软件技术2	60	77	33
5	22105200114	刘坤	学生	22G大数据技术1	60	87	67
6	23101100123	孙智	学生	22G大数据技术1	60	76	78
7	23101100129	王康	学生	22G大数据技术1	60	34	79
8	23102260337	赵振	学生	22G大数据技术1	60	45	80

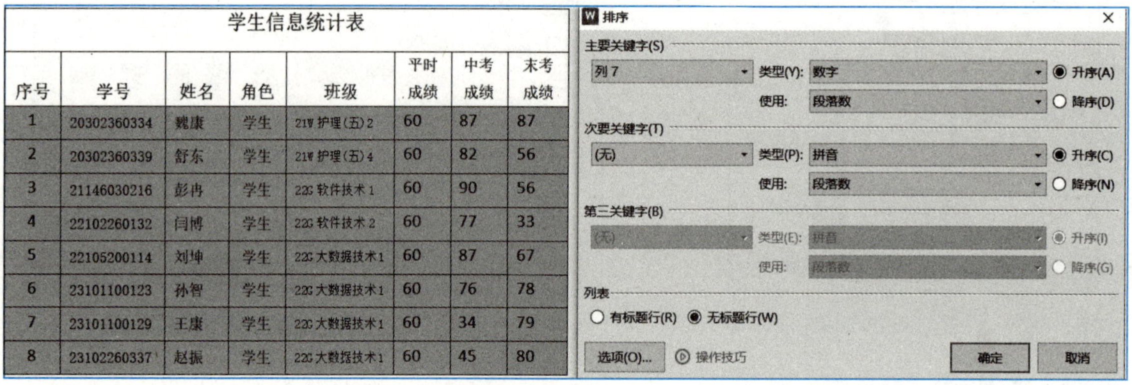

图 3-3-31　数据排序

任务四　职位岗位调查分析的排版

任务引入

职位岗位调查分析是每位大学生在毕业前必须完成的重要任务，它不仅是对所学知识的综合运用，更是对个人学术素养和专业技能的考验。然而，许多学生在撰写报告时，往往将大部分精力放在了内容的研究和撰写上，却忽视了文档的排版与呈现。一份排版凌乱的报告，即便内容再出色，也难以给读者留下良好的印象。WPS文字作为一款功能强大的文字处理软件，提供了丰富的排版工具和功能，能够帮助我们轻松完成长文档的排版工作。因此，本次任务要求大家根据职位岗位调查分析的格式要求对报告进行排版，职位岗位调查分析报告排版效果如图3-4-1所示。

图 3-4-1　分析报告排版效果图

任务要求

职位岗位调查分析内容包含封面、目录、正文部分、参考文献、致谢。

1. 页面设置

纸张大小和页边距设置：设置纸张大小为A4；页边距上下2.54 cm，左右3.17 cm，左侧装订。

页码设置：页码置于页底边居中位置，从报告正文开始按照阿拉伯数字连续编排。

合理设置分页和分节：报告主体部分每章单独成页。

2. 样式设置

创建并应用样式，创建符合报告要求的标题、正文、引用等样式，并应用到相应的文本中，实现格式的统一和风格的协调。

正文：宋体，小四号，两端对齐，行距为固定值21磅，首行缩进2个字符，大纲级别正文。

标题1：黑体，小三号，段前段后0.5行，大纲级别1级。

标题2：黑体，四号，大纲级别2级。

标题3：黑体，小四号，大纲级别3级。

目录、参考文献、致谢标题：黑体，三号，居中。

3. 目录设置

根据报告的章节结构，自动生成清晰、准确的目录。目录内容要包含正文1、2、3级标题、参考文献标题、致谢标题；目录内容格式要求宋体、小四号，页码准确无误并对齐；页数控制在1页。

4. 利用大纲视图调整结构

利用WPS文字的大纲视图功能，查看和编辑报告的标题结构，调整章节顺序和层级关系，确保报告的逻辑性和条理性。

任务分析

职位岗位调查分析包括打开素材文件"排版前_职位岗位调查分析案例.docx"并进行页面设置（纸张大小和页边距设置、分隔符设置、页码设置）；利用"开始"→"样式"设置文本格式；利用"引用"→"目录"插入并设置目录；利用"视图"→"大纲"调整文档结构。本任务运用了文本处理软件WPS文字进行文本文件的基本操作，希望读者掌握关于长文档排版的操作知识，如页面设置、分隔符设置、样式的创建使用、目录生成及大纲视图的使用。职位岗位调查分析的排版任务思维导图如图3-4-2所示。

图 3-4-2　任务四思维导图

相关知识

1. 页面设置

1）纸张大小和页边距设置

在WPS文字中，页面设置的首要环节便是纸张大小和页边距的调整。纸张大小决定了文档的整体尺寸，而页边距则影响着文档内容的布局和阅读体验。

首先，通过"页面"选项卡中的"纸张大小"下拉菜单，快速选择常见的纸张大小，如A4、6号信封等。若需要自定义纸张大小，可以选择"其他页面大小"命令（见图3-4-3），并在弹出的对话框中输入具体的宽度和高度。这样，文档就能按照用户设定的尺寸进行排版。

页边距设置是指在文档排版过程中，调整文档内容边缘与纸张边缘之间的空白区域大小的操作。这些空白区域通常位于文档的顶部、底部、左侧和右侧。用户可以在"页面"→"页边距"中选择预设的页边距，如"普通""窄""适中""宽"等。如果预设值不满足需求，可以选择"页边距"下拉菜单中的"自定义页边距"命令，弹出"页面设置"对话框，可在"页边距"选项卡中设置，或者在"页面"选项卡中的"页边距"按钮旁的上、下、左、右微调框中设置。页边距设置如图3-4-4所示。

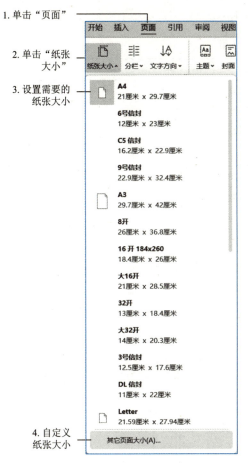

图 3-4-3 设置纸张大小　　　　　　　图 3-4-4 设置页边距

2）分隔符设置

分隔符在WPS文字中扮演着重要的角色，它能够将文档划分为不同的部分，方便用户进行格式化处理。分隔符的插入使得用户能够更灵活地控制文档的格式和布局，满足不同排版需求。要插入分隔符，用户可单击"页面"选项卡中的"分隔符"下拉按钮，展开下拉菜单，选择不同的分隔符类型，如"下一页分节符"和"连续分节符"等，如图3-4-5所示。

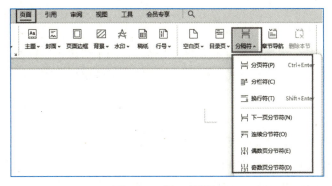

图 3-4-5 插入分隔符

分隔符类型包括分页符、分节符等，其作用见表3-4-1。

表3-4-1 分隔符的作用

分隔符类型	作用
分页符	插入分页符后的内容移至下一页
分栏符	插入分栏符后的内容移至下一栏
换行符	插入换行符后的内容移至下一行
下一页分节符	插入分节符，新节从下一页开始
连续分节符	插入分节符，新节从下一行开始
偶数页分节符	插入分节符，新节从下一个偶数页开始
奇数页分节符	插入分节符，新节从下一个奇数页开始

3）页码设置

页码是文档中不可或缺的元素，它能帮助读者快速定位到文档的特定位置。在WPS文字中，页码的设置相对简单直观。用户只需单击"插入"选项卡中的"页码"下拉按钮，展开下拉菜单，选择页码预设样式（即页码在文档中的位置，如页眉左侧、页眉中间等）。选择"页码"下拉菜单中的相应命令，用户还可以进一步自定义页码的样式和起始页码，如图3-4-6所示。

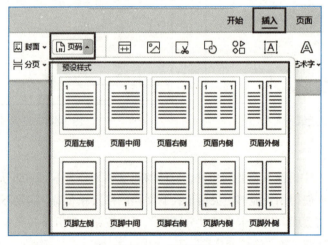

图 3-4-6　设置页码

2. 样式

WPS文字中的样式是一组预设或自定义的文本格式，用于快速、一致地设置文档的外观。样式可以包含字体、字号、颜色、对齐方式、行间距等属性，帮助用户快速应用一致的格式到文档的各个部分。

1）新建样式

系统中会带有一些默认的样式模板，这些样式称为内置样式。当内置样式不能满足用户需求时，可以新建样式。新建样式的操作步骤如下：

单击"开始"选项卡中的"样式和格式"下拉按钮，展开下拉菜单，选择"新样式"命令，弹出"新建样式"对话框。

在"新建样式"对话框中,设定新样式的名称、类型(段落或字符)、基于的样式等。根据需要设置字体、字号、颜色、对齐方式等属性。如果需要更详细的设置,可单击左下角的"格式"下拉按钮进行进一步调整。

勾选"同时保存到模板"复选框,然后单击"确定"按钮,如图3-4-7所示。这样,新创建的样式就会出现在预设样式列表中,供以后使用。

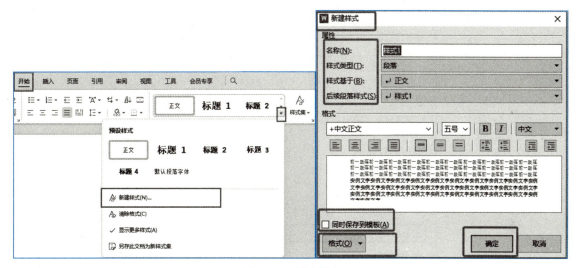

图 3-4-7　创建样式

2)修改样式

在"开始"选项卡中选中需要修改的内置样式或者新建的样式并右击,在弹出的快捷菜单中选择"修改样式"命令,弹出"修改样式"对话框。

在"修改样式"对话框中,可以修改样式的名称、格式等属性,该对话框的设置与"新建样式"完全相同。修改完成后,单击"确定"按钮。此时,修改后的样式会自动应用到文档中所有使用此样式的内容上。

3. 目录

WPS文字中的目录是一个重要的导航工具,它由各级标题和页码构成,可以帮助读者快速定位到文档的各个部分。下面详细介绍生成目录和设置目录格式相关内容。

生成目录:将光标置于文档中目录要显示的位置,单击"引用"选项卡中的"目录"下拉按钮,展开下拉菜单,在其中选择合适的样式,然后单击"确定"按钮。此时,WPS文字会自动扫描文档中的标题,并生成一个目录。

修改目录格式:如果对目录的默认样式或者生成的目录不满意,可以在下拉菜单中选择"自定义目录"命令,弹出"目录"对话框,设置目录的各种参数,完成设置后,单击"确定"按钮即可插入目录。目录设置如图3-4-8所示。

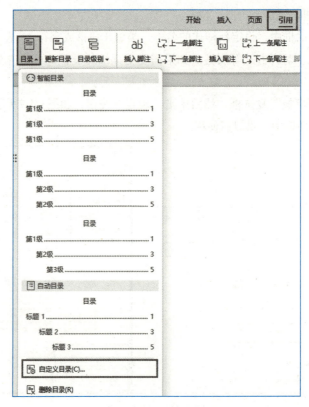

图 3-4-8　生成目录

4. 大纲视图

一般而言，在WPS文字中，打开文本文档的默认显示方式为"页面视图"，而"大纲视图"是WPS文字提供的一种特殊视图模式，它以树状结构的方式展示文档的标题和段落，使用户能够清晰地看到文档的整体框架和各部分之间的关系。在大纲视图中，不同级别的标题会以不同的缩进形式显示，便于用户快速区分和定位，适合长文档的章节排版。

打开大纲视图：在WPS文字中打开文档后，单击"视图"选项卡中的"大纲"按钮即可切换到大纲视图模式。大纲视图的位置如图3-4-9所示。

图 3-4-9　大纲视图

设置大纲级别：在"大纲视图"中，用户可以通过设置大纲级别来定义文档的结构。选中需要设置级别的标题或段落，然后在"大纲"工具栏中选择相应的级别（如"1级""2级"等）。也可以右击标题或段落，在弹出的快捷菜单中选择"段落"命令，在弹出的对话框中设置大纲级别。

调整文档结构：在大纲视图中，用户可以方便地调整文档的结构。通过拖动标题或段落，可以

项目三 WPS 文字 107

改变它们在文档中的位置。同时，单击标题前的"+"或"-"号，可以展开或折叠文档的内容，便于查看和编辑。

快速定位与导航："大纲视图"还提供了快速定位与导航的功能。用户可以直接单击大纲中的标题，快速跳转到文档的相应位置。

任务实施

本任务的实施整体过程如下：

1. 打开WPS文档

双击打开"排版前_职位岗位调查分析案例.docx"文档。

选择"文件"→"保存"命令，弹出"另存文档"对话框，选择文件的保存位置，在"文件名"文本框中输入文件名"×××排版_职位岗位调查分析案例.docx"，单击"保存"按钮保存文档。

视 频

页面设置

2. 设置文档页面

1) 设置纸张大小和页边距

在已保存的"×××排版_职位岗位调查分析案例.docx"文档中按照任务要求，单击"页面"选项卡中的"纸张大小"下拉按钮、展开下拉菜单，设置纸张大小为A4，如图3-4-10所示；单击"页面"选项卡中的"页边距"下拉按钮，展开下拉菜单，选择"自定义页边距"命令，设置页边距上下为2.54 cm，左右为3.17 cm，左侧装订，如图3-4-11所示。

2) 设置分节符

为满足报告主体部分每张单独成页，要将光标置于每一章（也就是标题号为一、二等标题）前，然后设置分节符。设置分节符操作如图3-4-12和图3-4-13所示。

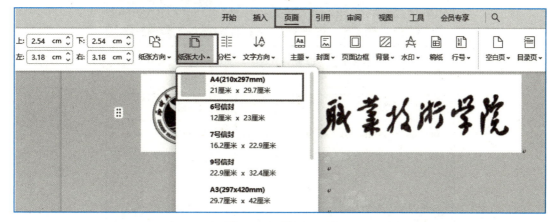

图 3-4-10 设置 A4 纸

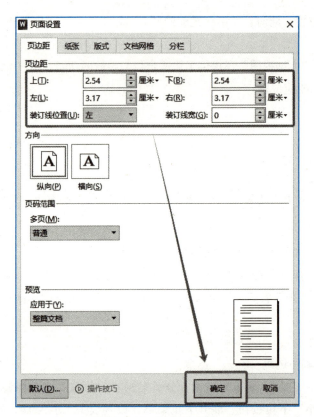

图 3-4-11　设定页边距

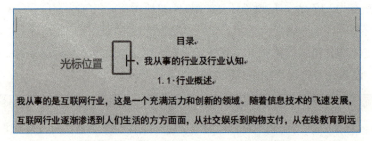

图 3-4-12　设置分节符——光标位置

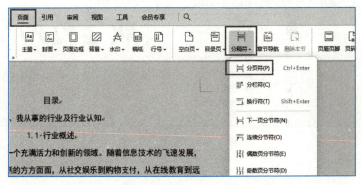

图 3-4-13　插入分页符

分节符设置完成后使每章单独成页，如图3-4-14所示。

图 3-4-14　分节符效果

3）设置页码

从报告正文开始按照阿拉伯数字连续编排页码，页码置于页脚居中位置。单击"插入"选项卡中的"页码"下拉按钮，展开下拉菜单，选择"页脚中间"命令，如图3-4-15所示。

设置页码后，将封面和目录页页脚中的页码删除，在页脚处单击"删除页码"下拉按钮，展开下拉菜单，选择"本页"命令，使页码从报告正文开始编排，如图3-4-16所示。

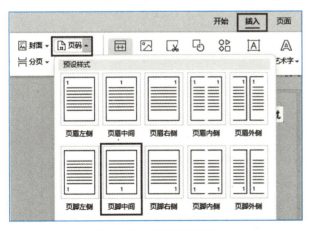

图 3-4-15　设置页码位置

图 3-4-16　页码编排

页码编排完成后，单击"页眉页脚"选项卡中的"关闭"按钮，退出页码编辑状态，如图3-4-17所示。

图 3-4-17　关闭页码编辑状态

● 视 频

样式设置

3. 设置文档样式

正文：宋体，小四号，两端对齐，行距为固定值21磅，首行缩进2个字符，大纲级别正文。标题1：黑体，小三号，段前段后0.5行，大纲级别1级。标题2：黑体，四号，大纲级别2级。标题3：黑体，小四号，大纲级别3级。目录、参考文献、致谢标题：黑体，三号，居中。

1）修改样式

① 修改"正文"样式。操作步骤如下：

单击"开始"选项卡中的"样式和格式"下拉按钮，展开下拉菜单，右击"正文"预设样式，在弹出的快捷菜单中选择"修改样式"命令，弹出"修改样式"对话框，单击左下角"格式"下拉按钮，展开下拉菜单，选择"字体"命令，弹出"字体"对话框，设置字体为"宋体"，字号为"小四"，单击"确定"按钮，如图3-4-18所示。

图 3-4-18　修改正文样式

再次单击"修改样式"对话框中的"格式"按钮，选择"段落"命令，弹出"段落"对话框，设置两端对齐、首行缩进2个字符、行距固定值21磅，单击"确定"按钮。

② 修改"标题1""标题2""标题3"的样式。操作步骤如下：

单击"开始"选项卡中的"样式和格式"下拉按钮，展开下拉菜单，右击"标题1"预设样式，在弹出的快捷菜单中选择"修改样式"命令，弹出"修改样式"对话框中，单击"格式"下拉按钮，展开下拉菜单，选择"字体"命令，弹出"字体"对话框，设置字体为"黑体"，字号为"小三"，单击"确定"按钮。

再次单击"修改样式"对话框中的"格式"下拉按钮,选择"段落"命令,弹出"段落"对话框,设置段前段后间距1行,大纲级别1级,单击"确定"按钮。

再次单击"修改样式"对话框中的"格式"按钮,选择"编号"命令,弹出"项目符号和编号"对话框,选择"多级编号"选项卡,然后选择图3-4-19所示的编号。

图 3-4-19　设置多级编号

单击"项目符号和编号"对话框中的"自定义"按钮,弹出"自定义多级编号列表"对话框,选择级别2,单击"高级"按钮,在"将级别链接到样式"下拉列表中选择"标题2",如图3-4-20所示。

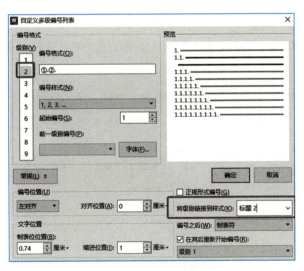

图 3-4-20　设置 2 级标题

选择级别3,单击"高级"按钮,在"将级别链接到样式"下拉列表中选择"标题3",如图3-4-21所示。

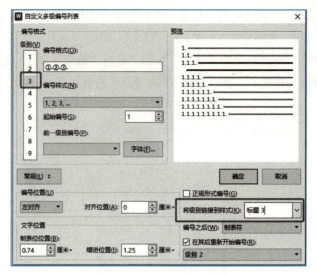

图 3-4-21　设置 3 级标题

设置"多级编号"并将"标题1"样式应用至案例中所有的一级标题后,将案例中一级标题的"一、""二、"等删除。

按照上面的步骤和任务要求修改"标题2"和"标题3";将"标题2"样式应用至案例中所有的二级标题后,将案例中二级标题的"1.1""2.1"等删除;将"标题3"样式应用至案例中所有的三级标题后,将案例中三级标题的"3.1.1""3.1.2"等删除。

2)新建样式

为目录、参考文献、致谢标题新建样式,样式名为"特殊标题",样式格式设置为黑体、三号、居中。操作步骤如下:

单击"开始"选项卡中的"样式和格式"下拉按钮，展开下拉菜单,选择"新建样式"命令,如图3-4-22所示。

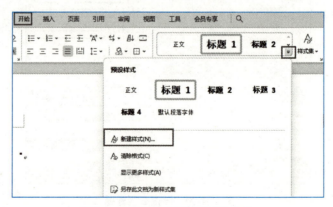

图 3-4-22　选择"新建样式"命令

在"新建样式"对话框中,设置"名称"为"特殊标题","样式类型"为"段落","样式基于"为"无样式","后续段落样式"为"正文",字体格式为居中、字号三号、黑体,如图3-4-23所示。

单击左下角的"格式"下拉按钮，展开下拉菜单，选择"编号"命令，弹出"项目符号和编号"对话框，选择"自定义列表"选项卡，在"自定义列表"列表框中选择"无列表"；最后单击"确定"按钮，如图3-4-24所示。

将新建的"特殊标题"应用于目录、参考文献、致谢标题。

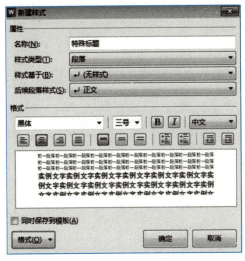

图 3-4-23　新建"特殊标题"样式

图 3-4-24　自定义编号

4. 设置文档目录

文档目录内容应包含正文的一、二、三级标题、参考文献标题、致谢标题和各标题所在的页码；字体字号为宋体、小四号；页码要准确无误并对齐，页数控制在1页，如有需要可调整行距。操作步骤如下：

将光标移动至目录页，单击"引用"选项卡中的"目录"下拉按钮，选择三级目录，如图3-4-25所示。

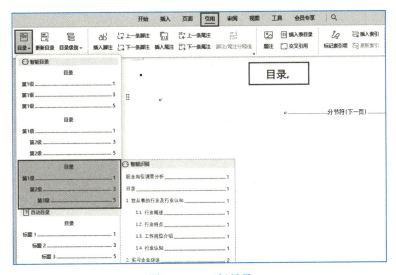

图 3-4-25　三级目录

视频

目录设置

● 视 频

利用大纲视图调整文档结构

删除多余的"目录""职位岗位调查分析"两行；选中目录内容，在"开始"选项卡中设置目录字体字号为宋体小四号；最后适当修改目录行距，使目录在一页中显示。

5. 使用大纲调整文档结构

单击"视图"选项卡中的"大纲"按钮，使文档进入大纲状态。利用大纲中的"显示级别"功能调整文档结构，如设置只显示级别1，并将"致谢"和"参考文献"位置对换，操作步骤如下：

使文档进入大纲状态，设置只显示级别1，如图3-4-26所示。

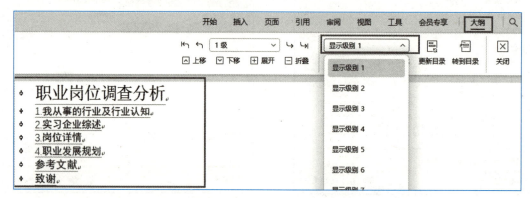

图 3-4-26　显示 1 级大纲

将"致谢"和"参考文献"位置对换，将光标置于致谢左侧"+"形状处，此时光标形状变为指向4个方向的箭头，然后向上拖动"致谢"至"参考文献"前即可。位置对换操作完成后，按【Ctrl+Z】组合键恢复二者的位置。单击"大纲"选项卡中的"关闭"按钮，退出大纲状态。

至此，完成任务四的全部操作。

项目四
WPS 表格

利用表格整理数据是日常办公中常见的工作任务，是我们必须熟练掌握的基本技能之一。WPS表格的数据处理功能十分强大，可以使用WPS表格制作各种类型的报表，使用工作表能够轻松处理大量数据。本项目将依次借助三个综合任务对WPS表格的应用做逐步深入的介绍。

本章知识导图

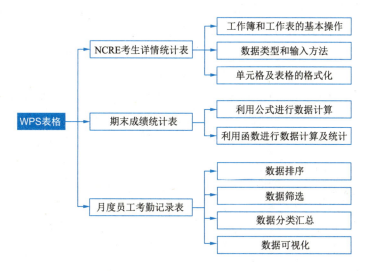

学习目标

· 了解：

　　WPS电子表格软件的功能和操作界面；

　　工作簿和工作表的概念；

　　数据类型的差异；

常见图表类型。

· 理解：

不同类型的数据录入方式；

工作簿的创建、保存、打开、保护等方法；

工作表的插入、移动、重命名、修改工作表的标签以及隐藏工作表等工作表管理方法。

· 应用：

应用公式和函数对原始数据加工处理，提取有效信息；

利用排序、筛选以及分类汇总功能分析数据；

利用基础数据生成图表形成可视化数据看板。

· 分析：

通过学习本项目中的案例，学会分析数据和处理数据，并能够将分析结果以图表的形式呈现。

· 养成：

养成多角度处理和分析数据的能力。

任务一　NCRE 考生详情统计表

任务引入

全国计算机等级考试（NCRE）是由教育部教育考试院主办，面向社会，用于考查应试人员计算机应用知识与技能的全国性计算机水平考试体系，自2021年3月起新增WPS Office模块，凭借其较强的实用性受到广大考生的青睐，各地大学生踊跃报名参加此模块考试获取计算机等级证书。我校作为NCRE本市考点今年开设此考试模块接受考生报名，考务中心王老师安排学习部刘炳强同学收集登记本校考生的报名情况并制成详细表格进行摸底并留存，完成效果如图4-1-1所示。

第65次NCRE考生统计表							
序号	考生号	姓名	出生年月	手机号码	考生系部	报考科目	考试费
0001	146537150006112	赵一鸣	2003/8/21	133052165**	信息工程系	一级WPS OFFICE	￥72.00
0002	246537150006243	钱而壮	2003/9/17	139063511**	护理系	二级C语言	￥72.00
0003	146537150006212	孙达庆	2003/11/3	181035211**	信息工程系	一级WPS OFFICE	￥72.00
0004	266537150006230	李栋梁	2004/1/22	182334565**	信息工程系	二级VB	￥72.00
0005	226537150006220	周家栋	2003/12/4	181432138**	医学系	二级VF	￥72.00
0006	156537150006325	吴王清	2004/2/4	133053321**	机电工程系	一级MS OFFICE	￥72.00
0007	656537150006329	郑佩珊	2005/6/17	132063899**	机电工程系	二级MS OFFICE	￥72.00
0008	156537150006129	王梓轩	2004/10/16	188002986**	医学系	一级MS OFFICE	￥72.00
0009	156537150006112	冯晗娜	2003/10/1	139675195**	医学系	一级MS OFFICE	￥72.00
0010	146537150006220	陈婷婷	2004/4/12	185420791**	信息工程系	一级MS OFFICE	￥72.00
0011	146537150006226	褚卫国	2005/4/8	177351900**	建筑工程系	一级WPS OFFICE	￥72.00
0012	146537150006125	卫誉璇	2004/12/5	188372095**	护理系	一级WPS OFFICE	￥72.00
0013	156537150006121	蒋西昆	2004/3/18	180528177**	医学系	一级MS OFFICE	￥72.00
0014	146537150006311	沈鹏飞	2004/10/2	135098175**	信息工程系	一级WPS OFFICE	￥72.00
0015	656537150006209	韩天泽	2005/9/9	133871100**	机电工程系	二级MS OFFICE	￥72.00
0016	616537150006314	杨昌盛	2003/12/8	182776655**	信息工程系	二级C++	￥72.00
0017	146537150006612	朱振雷	2004/4/7	178098712**	信息工程系	一级WPS OFFICE	￥72.00
0018	146537150006323	秦志华	2004/1/28	133872634**	医学系	一级WPS OFFICE	￥72.00
0019	146537150006301	尤亚宁	2003/10/22	139876109**	机电工程系	一级WPS OFFICE	￥72.00
0020	146537150006611	许成瑾	2006/1/7	130981638**	建筑工程系	一级WPS OFFICE	￥72.00

图4-1-1　效果图

项目四 WPS 表格

任务要求

1. 创建WPS电子表格文档并保存至D盘，命名为"NCRE考生详情统计表.xlsx"。
2. 按照不同数据类型输入各列数据。
3. 将工作表标签Sheet1重命名为"考生详情统计表"，并设置标签颜色为"标准色"→"浅蓝"。
4. 设置统计表的表头为"第65次NCRE考生统计表"，文字相对表格居中，行高为25，设置文本字体为"黑体"，字号20，表头行底色为黄色。
5. 设置标题行为浅橙色，字体为"华文宋体，12号"，文字相对单元格居中，框线设置为"上框线和粗下框线"。
6. 设置表格详细记录区域样式为"表样式中等深浅2"。

任务分析

NCRE考生详情统计表包括新建工作簿、数据的编辑及工作表格式化。本任务制作中运用了电子表格处理软件WPS Office进行工作表的基本操作，如各种类型数据的输入，数据的有效性，使用自定义序列填充单元格，工作表的基本操作，工作表的背景、样式、主题设定等，任务一思维导图如图4-1-2所示。

图 4-1-2　任务一思维导图

相关知识

1. WPS表格简介

WPS表格操作窗口由选项卡、命令按钮、快速访问工具栏、名称框、编辑栏以及工作表标签等组成，如图4-1-3所示。

2. 工作簿与工作表

工作簿：是指WPS表格中用来存储并处理数据的文件，其扩展名为.xlsx。在默认情况下，新建表格后自动创建一个工作簿，默认文件名为"工作簿1"。

工作表：又称电子表格，用于存储和处理数据，由若干行和若干列交叉而成的单元格构成。行号由阿拉伯数字表示，列标由英文字母构成。一个工作簿默认有一张工作表，名称为Sheet1，可以单击左下角默认工作表Sheet1标签右侧的"+"号增加一个工作簿中所包含工作表的数量。增加的工作表名按照Sheet2、Sheet3……的顺序排列。

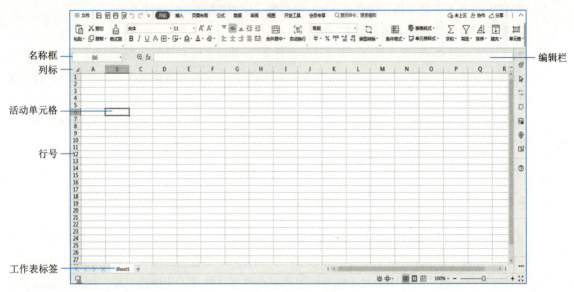

图 4-1-3　WPS 表格操作窗口

工作表标签：每个工作表左下方都有一个工作表标签，当一个工作簿中包含两个或两个以上工作表时，我们可以通过对工作表标签的操作来管理各工作表，如工作表的命名、工作表的移动或复制、工作表的删除和插入等。

3. 单元格和单元格区域

单元格是工作表中的最小单位，可以在其中输入各种类型的数据。单元格所在列标和行号共同构成的标识称为单元格名称或单元格地址，如第二行第三列的单元格标识为C2。被选中的单元格称为活动单元格或当前单元格，可以在活动单元格中输入数据。

为了区分不同工作表的同一个位置的单元格，一般可以用"工作表名称！单元格名称"进行标识，例如，Sheet2!E2与Sheet5!E2分别表示工作表Sheet2和工作表Sheet5的第二行第五列位置的单元格。

可以选择多个连续的单元格组成的区域为操作目标，此时称该矩形区域为单元格区域，表示方式为"首个单元格地址:末尾单元格地址"，如A1:A10表示选中A1至A10这10个连续单元格构成的矩形区域，同样，A1:C5则表示选中图4-1-4所示的从A1单元格到C5单元格这3列×5行共15个单元格构成的矩形区域。

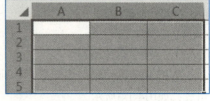

图 4-1-4　单元格区域

 任务实施

本任务的实施整体过程如下：

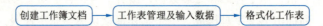

项目四　WPS 表格　119

1. 创建并保存WPS工作簿

① 启动WPS Office，打开"首页"窗口，单击"新建"按钮，单击"表格"按钮，单击"空白表格"按钮，进入图4-1-3所示的新建工作簿的空白电子表格工作窗口。

② 选择"文件"→"保存"命令，弹出"另存文件"对话框，选择文件的保存位置，然后在"文件名"文本框中输入文件名"NCRE考生详情统计表"，单击"保存"按钮保存工作簿，如图4-1-5所示。

图 4-1-5　保存文件

2. 设置并输入数据

双击打开已保存的"NCRE考生详情统计表.xlsx"文档。

① 在A1:H1单元格区域依次输入文本型数据"序号、考生号、姓名、出生年月、手机号码、考试系部、报考科目、考试费"。

② 单击A2单元格，先输入一个英文半角单引号"'"，然后输入"0001"，按【Enter】键，之后选择A2单元格右下角填充柄，向下拖动鼠标至A21单元格后松开鼠标，完成序号0001至0020的自动填充。

③ 选中B2:B21单元格区域，如图4-1-6所示，单击"开始"选项卡中的"数字格式"下拉按钮、展开下拉菜单，选择"文本"命令，将数据类型设置为文本型数据，然后依次输入示例中的考生号，完成B列的填充。

在E2:W21单元格区域以同样的方式依次输入考生手机号码。

A列序号、B列考生号和E列手机号码均是以数字形式呈现的文本型数据。

④ 在C2:C21单元格区域依次输入各考生姓名，在G2:G21单元格区域依次输入考生的报考科目。

系统默认汉字的数据类型为文本型数据。

图 4-1-6　填充考生号

⑤ 选中D2:D21单元格区域，单击"开始"选项卡中的"数字格式"下拉按钮、展开下拉菜单，选择"其他数字格式"命令，弹出"单元格格式"对话框，选择"数字"选项卡，选择"日期"分类，在"类型"列表框中选择相应的选项，然后单击"确定"按钮，如图4-1-7所示。

● 视　频

利用数据有效性设置并输入数据

图 4-1-7　设置出生日期列格式

⑥ 保持选中D2:D21单元格区域，单击"数据"选项卡中的"有效性"下拉按钮，展开下拉菜单，选择"有效性"命令，如图4-1-8所示，弹出"数据有效性"对话框（见图4-1-9），选中"日期"选项，弹出下一级对话框，如图4-1-10所示。

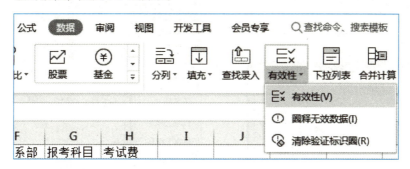

图4-1-8　数据有效性命令

⑦ 设置有效性条件允许值为"日期"，数据介于2003-01-01至2006-12-31，然后在"数据有效性"对话框中选择"出错警告"选项卡，将样式设置为"停止"，在"标题"文本框中输入"日期有误"，在"错误信息"文本框中输入"输入日期超出范围！"，单击"确定"按钮，如图4-1-11所示。

图4-1-9　选择有效性条件　　　图4-1-10　设置允许条件　　　图4-1-11　编辑出错警告

⑧ 返回输入窗口，依次在D2:D21单元格区域输入考生的出生日期。当输入内容为超出日期范围的数据时，观察窗口弹出警告框。

⑨ 选择F2:F21单元格区域，再次设置数据有效性，在"数据有效性"对话框的"允许"下拉列表中选择"序列"，在"有效性条件"的"来源"文本框中依次输入"信息工程系,护理系,医学系,机电工程系,建筑工程系"，各系部之间的间隔符号务必使用英文半角符号中的逗号，之后单击"确定"按钮，如图4-1-12所示。

⑩ 返回输入窗口，"考生系部"列的填充方式则为下拉列表式进行选择填充，如图4-1-13所示。

⑪ 选择H2:H21单元格区域，设置数字格式为"会计专用"，如图4-1-14所示。在H2单元格中输入数字"72"后按【Enter】键，然后选择H2单元格，按住【Ctrl】键的同时向下拖动填充柄至H21单元格，松开鼠标，则完成所有考生考试费的填充。

至此，完成工作表内各列数据的填充。

图 4-1-12 设置条件为序列

图 4-1-13 备选序列

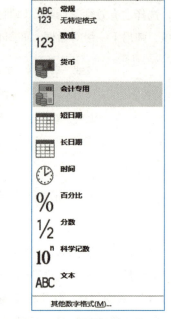
图 4-1-14 设置费用列数据类型

3. 设置工作表标签

① 右击工作表标签Sheet1，在弹出的快捷菜单中选择"重命名"命令，如图4-1-15所示，输入"考生详情统计表"，按【Enter】键。

② 右击工作表标签"考生详情统计表"，在弹出的快捷菜单中选择"工作表标签颜色"→"标准色"→"浅蓝"，如图4-1-16所示。

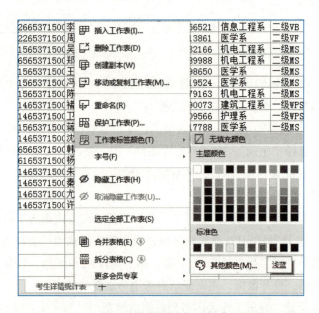

图 4-1-15 重命名表标签　　　　　　图 4-1-16 设置表标签颜色

4. 设置表头标题行

① 右击行号1，在弹出的快捷菜单中选择"在上方插入行 1"命令，插入一个空白行，如图4-1-17所示。

② 在A1单元格中输入文字"第65次NCRE考生统计表"。

③ 选中A1:H1单元格区域，单击"开始"选项卡中的"合并居中"下拉按钮、展开下拉菜单，选择"合并居中"命令，如图4-1-18所示。

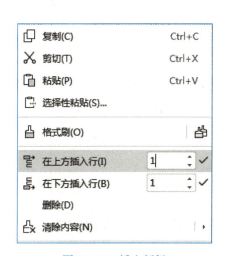

图 4-1-17　插入新行　　　　　　图 4-1-18　单元格合并居中

④ 右击行号1，在弹出的快捷菜单中选择"行高"命令，弹出"行高"对话框，设置行高为"25"。

⑤ 选择标题文字，设置字体为"黑体"，字号为"20"。

⑥ 选择标题文字所在单元格，单击"开始"选项卡中的"填充颜色"按钮，在展开的面板中选择"标准色"→"黄色"。

5. 设置标题行

① 选择A2:H2单元格区域，单击"开始"选项卡中的"填充颜色"按钮，在展开的面板中选择"主题颜色"→"橙色，着色4，浅色80%"（见图4-1-20），字体选择"华文宋体"，字号选择"12"，并单击"垂直居中"和"水平居中"按钮，如图4-1-21所示。

图 4-1-19　设置表头底纹

② 选择A2:H2单元格区域，单击"开始"选项卡中的"框线"下拉按钮，展开下拉菜单，选择"上框线和粗下框线"，如图4-1-22所示。

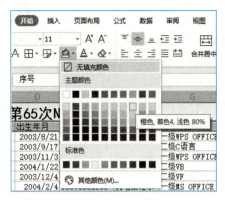
图 4-1-20　置标题行底纹

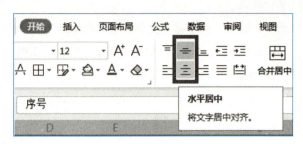
图 4-1-21　标题行文字居中

6. 套用表格样式

① 选择A3:H22单元格区域，单击"开始"选项卡中的"表格样式"下拉按钮，展开下拉菜单，选择"预设样式"→"中色系"→"表样式中等深浅2"命令，如图4-1-23所示。

图 4-1-22　标题行边框设置

图 4-1-23　套用表格样式

② 弹出"套用表格样式"对话框，设置"仅套用表格样式"→"标题行的行数"为"0"，单击"确定"按钮，如图4-1-24所示。

以上基本设置完成后，适当调整列宽。

项目四　WPS 表格

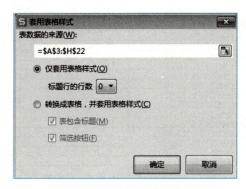

图 4-1-24　设置表数据来源

至此，完成任务一的全部操作。

任务二　期末成绩统计表

任务引入

奖学金评定期间，为了解候选学生的具体情况，团总支书记委托学生会秘书处整理详细的成绩统计情况。秘书处从学生成绩库中导出图4-2-1所示的候选学生的原始成绩单以及图4-2-2所示的学生基本信息记录，按照图4-2-3所示的成绩统计表的要求整理数据。

学号	大学语文	大学英语	高等数学	信息技术	法律基础	总分	平均分	名次
201901130001	85	92	96	80	90			
201904430034	90	92	98	96	95			
201902150012	80	87	88	80	90			
202005630025	90	88	92	80	90			
202003160056	88	85	90	89	91			
202006430016	85	85	90	80	90			
201901160018	83	92	90	94	98			
201905110026	95	88	80	90	87			
201902130010	98	90	80	90	90			
202001160012	87	87	80	90	90			
202003140026	80	95	80	90	88			
202104170013	92	96	80	90	92			
202006130021	92	98	96	95	92			
202007110057	87	88	80	90	88			
202108100031	88	92	80	90	85			
202109230035	85	90	89	91	92			
202104430026	88	86	80	88	86			
202205410046	84	89	82	92	86			
202207520031	93	90	80	90	88			
202103460061	96	95	90	98	92			
202109430011	85	90	80	90	90			
202109350041	89	90	80	90	88			
202208120084	84	90	80	90	90			
202207430073	90	90	80	90	84			
202008160091	97	98	96	100	96			
201909180019	88	90	80	90	88			
202108330009	85	92	83	94	86			
202008460066	85	90	80	90	88			
202005670022	90	92	83	98	90			
202104530071	88	88	90	87	92			

〈　〉　　原始成绩单　　学生基本信息表　　成绩统计表　　部门对照表　　+

图 4-2-1　原始成绩单

学号	姓名	身份证号	性别	部门	入学年份	名次	奖学金等级
201901130007	王玉艳	******200101052535					
201904430034	章美娟	******200206105739					
201902150012	徐林辉	******200103264528					
202005630025	杜俊儒	******200112060624					
202003160056	张宏丽	******200010111948					
202006430016	赵芹	******200106031164					
201901160018	安庆	******200004070865					
201905110026	赵丽娜	******200206200224					
201902130010	孙雪	******199912074912					
202001160012	刘光明	******200302104022					
202003140026	李丽清	******200210302068					
202104170013	杜小慧	******200105072545					
202006130021	刘红英	******200211122817					
202007110057	李凤晴	******200208026928					
202108100031	赵光荣	******200301280758					
202109230035	徐琳琳	******200103040714					
202104430026	姚叶东	******200301140826					
202205410046	钱宏顺	******200109242925					
202207520031	刘彦杰	******200211293368					
202103460061	王燕飞	******200305125922					
202109430011	李舒芳	******200111071014					
202109350041	郭良峰	******200207100970					
202208120084	张卓尔	******200207103330					
202207430073	谷艳敏	******200308230023					
202208160091	段鸿宇	******200310030020					
201909180019	郑凤广	******200302251022					
202108330009	李超贺	******200202163858					
202008460066	林东来	******200405040323					
202005670022	孙向辉	******200302021421					
202104530071	吴慧茹	******200305310529					

图 4-2-2　学生基本信息

课程成绩统计表					
科目	大学语文	大学英语	高等数学	信息技术	法律基础
平均分					
最高分					
最低分					
90分以上人数					
60分以上人数					
不及格人数					
优秀率					
及格率					

图 4-2-3　成绩统计表

任务要求

1. 打开"期末成绩统计表.xlsx"文档并复制到桌面。
2. 在"原始成绩单"中利用公式分别计算每位学生的总分、平均分和名次。
3. 重新利用函数计算总分、平均分和名次。
4. 在"学生基本信息表"中，按照说明并结合部门对照表，利用函数分别求取每位同学的性别、部门、入学年份以及奖学金等级。
5. 在"成绩统计表"中，利用函数分别求各科目的平均分、最高分和最低分，利用函数统计各分数段人数，利用公式求出优秀率和及格率。

任务分析

期末成绩统计表主要学习公式和常用函数的应用,其中涉及的函数有求和函数SUM()、求平均值函数AVERAGE()、求位次函数RANK()、最大值函数MAX()、最小值函数MIN()、统计函数COUNT()、文本提取函数MID()和LEFT()、求余数函数MOD()、IF()函数和VLOOKUP()函数。任务二思维导图如图4-2-4所示。

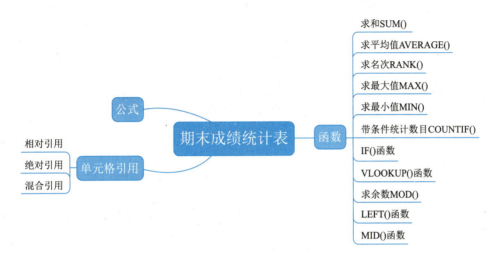

图 4-2-4　任务二思维导图

相关知识

1. 公式

公式是对工作表中数据进行运算的表达式,公式中可以包含单元格地址、数值常量、函数等,它们由运算符连接而成。在 WPS 表格中,以等号"="开头的数据被系统判定为公式。具体来说,一个公式通常由以下几部分组成。

- =:等号,表示将要输入的是公式而不是其他数据。
- 数值:由数字0~9 构成的可以参与运算的数据,或者是包含某个数值的单元格地址。
- 其他参数:可以被公式或函数引用的其他数据。
- 单元格引用:也就是单元格地址,用于表示单元格在工作表上所处位置的坐标。例如,显示在第C列和第4行交叉处的单元格,其引用形式为C4。
- ():圆括号,用于设置运算优先顺序。
- 运算符:用于连接各个数据。在 WPS 表格中,运算符分为算术运算符、比较(逻辑)运算符、字符串运算符和引用运算符,其功能见表4-2-1。

表4-2-1　WPS表格运算符

类别	运算符	功能	说明
算术运算符	+（加号）	加法运算	优先级为： 括号中的表达式优先计算；百分比和乘方优先于乘除计算；先乘除后加减；同级别运算从左向右依次进行
	-（减号）	减法运算	
	*（乘号）	乘法运算	
	/（除号）	除法运算	
	%	百分比	
	^	乘方运算	
逻辑运算符	=	等于	比较运算符用于比较两个数据大小，其运算结果只有"真"（true）或"假"（false）两个逻辑值。通常用于构造条件表达式
	>	大于	
	<	小于	
	>=	大于或等于	
	<=	小于或等于	
	<>	不等于	
字符串运算符	&	连接字符串	将几个单元格中的字符串合并为一个字符串（="WPS"&"办公"结果为"WPS办公"）
引用运算符	:	区域运算	对多个单元格的引用，如B3:B6表示引用B3到B6单元格之间的区域
	,	联合运算	将多个引用合并为一个引用，如SUM(A1:A5,B3:B5)表示对A1:A5和B3:B5所有单元格数据求和

2. 函数

函数是一类事先编辑好的特殊公式，主要用于处理简单的四则运算不能处理的算法，是一种解决复杂计算的高效算法。

函数通常表示为：函数名(参数1,参数2,参数3,…)。不是所有函数都必须有参数，参数可以为常量、单元格地址、数组、已经定义的名称、公式以及函数。

WPS表格提供了大量的函数，并按功能进行了分类，目前默认10个大类，见表4-2-2。

表4-2-2　WPS表格函数

函数类别	常用函数示例
财务函数	FV(rate,nper,pmt,pv,type) 基于固定利率及等额分期付款方式，返回某项投资的未来值
时间与日期函数	DATE(year,month,day) 返回代表特定日期的序列号
数学与三角函数	SUM(number1,number2,…) 返回某一单元格区域中所有数值之和
统计函数	COUNT(value1,value2,…) 返回包含数字的单元格及参数列表中的数字的个数
查找与引用函数	VLOOKUP(lookup_value,table_array,col_index_num,range_lookup) 在表格或数值数组的首列查找指定数值，并返回表格或数组当前行中指定列处的数值

续表

函数类别	常用函数示例
数据库函数	DMAX(database,field,criteria) 返回列标或数据库的列中满足指定条件的最大数值
文本函数	LEFT(text,num_chars) 从一个文本字符串的第一个字符开始返回指定个数的字符
逻辑函数	IF(logical_test,value_if_true,value_if_false) 判断一个条件是否满足；如果满足则返回一个值，如果不满足则返回另外一个值
信息函数	INFO(type_text) 返回有关当前操作环境的信息
工程函数	BITOR(number1,nmber2) 返回两个数字的按位"或"值

注意：

公式和函数运算中，所有运算符为英文标点。

当输入的公式或函数计算结果出现错误时，会返回错误值，可以根据错误值的类型进行修改。公式或函数中的常见错误见表4-2-3。

表4-2-3 常见错误信息

错误信息	说　　明
#####	列宽不足无法正常显示单元格中所有字符，或单元格中包含负的日期时间
#DIV/0!	除数为0或不包括任何值的单元格
#N/A	某个值不允许被用于函数或公式但却被其引用了
#NAME!	无法识别公式中的文本
#NULL!	指定了两个不相交的区域的交集
#NUM!	公式或函数的参数中包含了无效数值
#REF!	单元格引用无效
#VALUE!	公式所引用的单元格中所包含的数据类型不同

3. 单元格的引用

在公式或函数中，可以通过单元格的引用来使用单元格中的数据。

单元格的引用分为相对引用、绝对引用和混合引用三种。

1）相对引用

在复制或移动公式时，引用单元格的列标、行号会根据目标单元格所在的列标、行号位置的变化自动调整。相对引用的单元格表示为"列标行号"，如A2、C5。在默认情况下，对单元格的引用是相对引用。例如，在B1单元格中输入公式"=A1"，向下拖动填充柄复制公式到B2单元格时，公式则自动修改为"=A2"，得到的结果如图4-2-5所示。因为从A1到A2经过了列加0、行加1的变化，所以A1中的引用复制到A2中也按照列加0、行加1的规则修改其中单元格的引用。

2）绝对引用

在单元格的列号与行号前各加一个"$"符，如$A$1、$C$3，当公式或函数进行复制时，公式或函数中引用单元格的地址不会随着公式的位置移动而改变。例如，在B1单元格中输入公式"=$A$1"，则公式复制到B2单元格或其他任何单元格时，公式依然是"=$A$1"，得到的结果如图4-2-6所示。

图4-2-5　相对引用填充　　　　　　图4-2-6　绝对引用填充

3）混合引用

在单元格的列号或行号前加"$"符，如$A3、C$5。当把含有混合引用的公式复制到新位置时，公式中相对引用部分（即不加"$"符的部分）随着公式位置的变化而变化，而绝对引用部分（即加了"$"符的部分）不随着公式位置的变化而变化。

4. 填充柄

填充柄是电子表格提供的快速填充单元格工具。在选定的单元格右下角，会看到方形点，当鼠标指针移动到上面时，变成细黑十字形，上下或左右拖动填充柄可完成对单元格的数据、格式、公式的填充。

任务实施

本任务的实施整体过程如下：

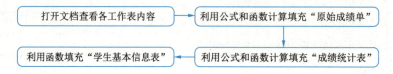

1. 打开文档查看各工作表内容

双击打开"期末成绩统计表.xlsx"文件，通过工作表标签按钮分别查看"原始成绩单""学生基本信息表""成绩统计表""部门对照表"的内容。

2. 利用公式和函数计算填充"原始成绩单"

1）公式法计算"总分"列

① 单击表标签"原始成绩表"，再单击G2单元格，之后在编辑栏中输入"=B2+C2+D2+E2+F2"，之后按【Enter】键，G2单元格中显示计算结果443。

② 单击G2单元格，向下拖动填充柄至G31单元格，即可完成"总分"列的填充。

视频
公式计算总分和平均分

2）公式法计算"平均分"列

① 在"原始成绩表"工作表中选中H2单元格，在编辑栏中输入"=B2+C2+D2+ E2+F2/5"或者"=G2/5"，然后按【Enter】键，则单元格H2中显示计算结果88.6。

② 单击H2单元格，向下拖动填充柄至H31单元格，可以计算所有学生的平均分。

③ 选择H2:H31单元格区域，单击"减小小数位数"按钮，将平均分计算结果设置为整数，至此，完成"平均分"列的填充。

3）函数法计算"名次"列

① 在"原始成绩表"工作表中选中I2单元格，单击编辑栏左侧"插入函数"按钮，弹出"插入函数"对话框，在"查找函数"文本框中输入函数名"RANK"（不区分大小写），在搜索结果中选中RANK，单击"确定"按钮，如图4-2-7所示。

② 弹出图4-2-8所示的"函数参数"对话框，"数值"处选择G2单元格，"引用"处选择G2:G31单元格区域，并且在列标和行号前均添加单元格绝对引用符号"$"，单击"确定"按钮，则在I2单元格中显示名次为5。

视 频

rank()函数计算名次

图 4-2-7 查找 RANK 函数

图 4-2-8 rank 函数的参数

③ 单击I2单元格并拖动填充柄至I31单元格，至此完成所有学生名次的计算填充。

4）函数法计算"总分"列

① 选中G2:G31单元格区域，按【Delete】键删除内容。

② 选中G2单元格，单击编辑栏中的"插入函数"按钮，弹出"插入函数"对话框，在"或选择类别"下拉列表中选择"数学与三角函数"，在"选择函数"列表框中找到SUM，单击"确定"按钮，如图4-2-9所示。

③ 弹出图4-2-10所示SUM函数参数对话框，在"数值1"文本框中输入B2:F2或直接利用鼠标拖动的方式选中B2:F2单元格区域，单击"确定"按钮。

④ G2单元格中显示计算结果443，选中G2单元格，向下拖动填充柄至G31单元格，即可完成利用SUM()函数求"总分"列。

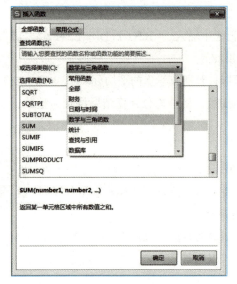

图 4-2-9　在函数类别中搜索函数名 SUM

图 4-2-10　SUM 函数的参数

5）函数法计算"平均分"列

① 选中H2:H31单元格区域，按【Delete】键删除内容。

② 选中H2单元格，单击编辑栏中的"插入函数"按钮，弹出"插入函数"对话框，在"或选择类别"下拉列表中选择"统计"，在"选择函数"列表框中找到AVERAGE，单击"确定"按钮，如图4-2-11所示。

③ 弹出AVERAGE函数参数对话框，在"数值1"文本框中输入B2:F2或直接利用鼠标拖动的方式选中B2:F2单元格区域，单击"确定"按钮，如图4-2-12所示。

图 4-2-11　查找 AVERAGE 函数

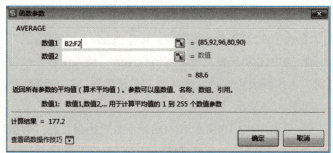

图 4-2-12　AVERAGE 函数参数

④ H2单元格中显示计算结果88.6，然后选中H2单元格，向下拖动填充柄至H31单元格。

⑤ 选择H2:H31单元格区域，单击"减小小数位数"按钮，将平均分计算结果设置为整数，即可完成利用AVERAGE()函数计算并填充"平均分"列。

全部计算并填充完成后的"原始成绩单"如图4-2-13所示。

学号	大学语文	大学英语	高等数学	信息技术	法律基础	总分	平均分	名次
201901130001	85	92	96	80	90	443	89	5
201904430034	90	92	98	96	95	471	94	2
201902150012	80	87	88	80	90	425	85	19
202005630025	90	88	92	80	90	440	88	8
202003160056	88	85	90	89	91	443	89	5
202006430016	68	85	90	80	90	413	83	23
201901160018	83	62	90	94	98	427	85	18
201905110026	95	62	80	90	87	414	83	21
201902130010	98	90	51	90	90	419	84	20
202001160012	87	50	80	90	90	397	79	28
202003140026	80	95	80	90	88	433	87	14
202104170013	92	96	73	90	92	443	89	5
202006130021	92	98	96	95	92	473	95	1
202007110057	87	88	80	90	88	433	87	14
202108100031	88	92	80	90	85	435	87	10
202109230035	77	90	48	91	92	398	80	27
202104430026	88	86	80	72	86	412	82	25
202205410046	84	89	82	92	86	433	87	14
202207520031	93	38	80	90	88	389	78	29
202103460061	96	95	90	98	92	471	94	2
202109430011	85	90	80	90	90	435	87	10
202109350041	89	90	71	90	88	428	86	17
202208120084	84	90	80	90	90	434	87	12
202207430073	90	90	80	90	84	434	87	12
202008160091	66	98	96	100	96	456	91	4
201909180019	88	43	80	90	88	389	78	29
202108330009	85	92	83	94	86	440	88	8
202008460066	85	90	61	90	88	414	83	21
202005670022	71	60	83	98	90	402	80	26
202104530071	88	88	90	55	92	413	83	23

图 4-2-13　成绩单完成效果图

3. 利用公式和函数计算填充"成绩统计表"

选中"成绩统计表"标签，将"成绩统计表"设为当前工作表。

1）利用函数填充各科平均分

① 选中B3单元格，单击编辑栏中的"插入函数"按钮，弹出"插入函数"对话框，在"或选择类别"下拉列表中选择"统计"，在"选择函数"列表框中找到AVERAGE，单击"确定"按钮。

② 弹出AVERAGE函数参数对话框，如图4-2-14所示，单击"数值1"文本框右侧折叠参数对话框按钮。

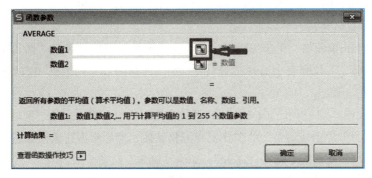

图 4-2-14　AVERAGE() 函数参数折叠按钮

③ 选择"原始成绩单"标签切换至"原始成绩单",选择B2:B31单元格区域,可以看到折叠的参数对话框中显示参数为"原始成绩单!B2:B31",如图4-2-15所示。

图 4-2-15　AVERAGE() 函数跨表选择参数

④ 单击右侧折叠按钮还原参数对话框,单击"确定"按钮,完成"成绩统计表"中B3单元格的填充。

⑤ 选择B3单元格,向右拖动填充柄,即可填充所有科目的"平均分"。根据需要自行调整小数位数即可完成本行填充。

2）利用函数填充各科最高分

max()函数和min()函数计算各科最高分和最低分

① 选择B4单元格,单击编辑栏中的"插入函数"按钮,弹出"插入函数"对话框,在"或选择类别"下拉列表中选择"统计",在"选择函数"列表框中找到MAX,单击"确定"按钮。

② 弹出MAX()函数参数对话框,单击折叠参数对话框按钮,选择"原始成绩单"标签切换至"原始成绩单",选择B2:B31单元格区域,可以看到折叠的参数对话框中显示参数为"原始成绩单!B2:B31",单击右侧折叠按钮还原参数对话框,单击"确定"按钮,则完成"成绩统计表"中B4单元格的填充。

③ 选择B4单元格,向右拖动填充柄,即可填充所有科目的"最高分"。

3）利用函数填充各科最低分

① 选择B5单元格,单击编辑栏中的"插入函数"按钮,弹出"插入函数"对话框,在"或选择类别"下拉列表中选择"统计",在"选择函数"列表框中找到MIN,单击"确定"按钮。

② 弹出MIN函数参数对话框,单击折叠参数对话框按钮,选择"原始成绩单"标签切换至"原始成绩单",选择B2:B31单元格区域,可以看到折叠的参数对话框中显示参数为"原始成绩单!B2:B31",单击右侧折叠按钮还原参数对话框,单击"确定"按钮,则完成"成绩统计表"中B5单元格的填充。

③ 选择B5单元格,向右拖动填充柄,即可填充所有科目的"最低分"。

4）利用函数统计各科目90分以上人数

统计各分数段人数

① 选择B6单元格,单击编辑栏中的"插入函数"按钮,弹出"插入函数"对话框,在"或选择类别"下拉列表中选择"统计",在"选择函数"列表框中找到COUNTIF,单击"确定"按钮。

② 弹出图4-2-16所示的COUNTIF()函数参数对话框,单击折叠"区域"右侧的参数对话框按钮,选择"原始成绩单"的B2:B31单元格区域,然后单击还原按钮还原参数对话框。

③ "条件"文本框中输入">=90",单击"确定"按钮。

④ 选择B6单元格,向右拖动填充柄,完成所有科目高于90分人数的统计计算。

图 4-2-16　COUNTIF() 函数参数

5）利用函数计算各科目60分以上且90分以下人数

① 选择B7单元格，单击编辑栏中的"插入函数"按钮，弹出"插入函数"对话框，在"或选择类别"下拉列表中选择"统计"，在"选择函数"列表框中找到COUNTIFS，单击"确定"按钮。

② 弹出图4-2-17COUNTIFS()函数参数对话框，折叠"区域1"右侧的参数对话框按钮后选择"原始成绩单"的B2:B31单元格区域，单击还原按钮还原参数对话框，在"条件1"文本框中输入">=60"。

图 4-2-17　COUNTIFS() 函数参数

③ 折叠"区域2"右侧的参数对话框按钮，选择"原始成绩单"的B2:B31单元格区域，单击还原按钮还原参数对话框，在"条件1"文本框中输入"<90"；单击"确定"按钮。

④ 选择B7单元格，向右拖动填充柄，完成所有科目高于60分并且低于90分人数的统计计算。

6）利用函数计算各科不及格人数

① 选择B8单元格，单击编辑栏中的"插入函数"按钮，弹出"插入函数"对话框，在"或选择类别"下拉列表中选择"统计"，在"选择函数"列表框中找到COUNTIF，单击"确定"按钮。

② 弹出图4-2-16所示的"函数参数"对话框，单击折叠"区域"右侧的参数对话框按钮，选择"原始成绩单"的B2:B31单元格区域，单击还原按钮还原参数对话框。

③在"条件"文本框中输入"<60",单击"确定"按钮。

④选择B8单元格,向右拖动填充柄,即可完成所有科目不及格人数的统计计算。

7)利用公式计算各科优秀率

视频
计算各科优秀率和及格率

①单击B9单元格,输入"=B6/(B6+B7+B8)",按【Enter】键后得到优秀率小数形式的计算结果。

②选择B9单元格,将其数据类型设置为"百分比"形式,然后向右拖动填充柄,各科优秀率百分比计算完成。

8)利用公式计算各科及格率

①单击B10单元格,输入"=(B6+B7)/(B6+B7+B8)",按【Enter】键后得到及格率小数形式的计算结果。

②选择B10单元格,将其数据类型设置为"百分比"形式,然后向右拖动填充柄,即可计算完成各科及格率。

全部计算并填充完成后的"成绩统计表"如图4-2-18所示。

课程成绩统计表					
科目	大学语文	大学英语	高等数学	信息技术	法律基础
平均分	86	83	82	88	90
最高分	98	98	98	100	98
最低分	66	38	48	55	84
90分以上人数	9	16	10	23	18
60分以上人数	21	11	18	6	12
不及格人数	0	3	2	1	0
优秀率	30.00%	53.33%	33.33%	76.67%	60.00%
及格率	100.00%	90.00%	93.33%	96.67%	100.00%

图4-2-18 统计表完成效果图

4. 利用函数填充"学生基本信息表"

选中"学生基本信息表"标签,将"学生基本信息表"置为当前工作表。

1)利用LEFT()函数提取每位学生的入学年份

视频
利用LEFT()函数提取每位学生的入学年份

①选中F2单元格,单击编辑栏中的"插入函数"按钮,弹出"插入函数"对话框,在"或选择类别"下拉列表中选择"文本",在"选择函数"列表框中选中LEFT,如图4-2-19所示,单击"确定"按钮。

②弹出LEFT()函数参数对话框,如图4-2-20所示,在"字符串"文本框中选中A2单元格,在"字符个数"文本框中输入数字4,单击"确定"按钮。

③选中F2单元格,向下拖动填充柄至F31,则完成所有学生入学年份的提取。

2)复制"名次"列的值

①选中"原始成绩单"标签,选择I2:I31单元格区域并右击,弹出的快捷菜单中选择"复制"或者直接按【Ctrl+C】组合键。

②切换"学生基本信息表"工作表,右击G2单元格,在弹出的快捷菜单中选择"选择性粘贴"→"粘贴为数值"命令,如图4-2-21所示。

项目四 WPS 表格 137

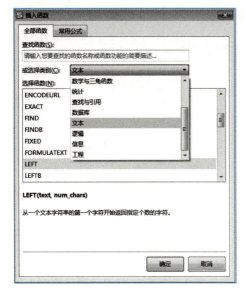

图 4-2-19 查找 LEFT() 函数

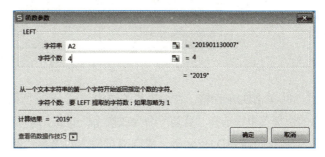

图 4-2-20 LEFT() 函数参数对话框

图 4-2-21 选择性粘贴数据

3）利用MID()、MOD()和IF()函数多级嵌套在身份证号码中提取"性别"

① 单击D2单元格，单击编辑栏中的"插入函数"按钮，弹出"插入函数"对话框，在"或选择类别"下拉列表中选择"文本"，在"选择函数"列表框中选中MID，单击"确定"按钮。

② 弹出图4-2-22所示的MID()函数参数对话框，在"字符串"文本框中选择C2单元格，在"开始位置"文本框中输入17，在"字符个数"文本框中输入1，单击"确定"按钮。

视 频

在身份证号码中提取"性别"

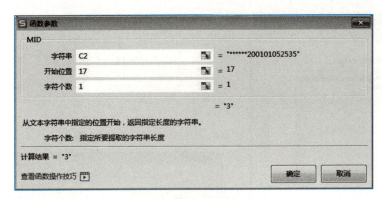

图 4-2-22　MID() 函数参数

③ 单击D2单元格，在编辑栏中选中"="号后面的函数表达式"MID(C2,17,1)"并右击，在弹出的快捷菜单中选择"剪切"命令或按【Ctrl+X】组合键。

④ 保持选中D2单元格，清空编辑栏中的内容，单击"插入函数"按钮，弹出"插入函数"对话框，在"或选择类别"下拉列表中选择"数学与三角函数"，在"选择函数"列表框中选中MOD，单击"确定"按钮。

⑤ 弹出MOD()函数参数对话框，如图4-2-23所示，在"数值"文本框中右击，在弹出的快捷菜单中选择"粘贴"命令，或按【Ctrl+V】组合键，复制完成函数表达式"MID(C2,17,1)"作为"数值"的参数，在"除数"文本框中输入数字2，单击"确定"按钮。

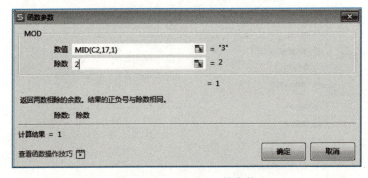

图 4-2-23　MOD() 函数参数

⑥ 选中D2单元格，在编辑栏中选中"="号后面的函数表达式"MOD(MID(C2,17,1),2)"并右击，在弹出的快捷菜单中选择"剪切"命令或按【Ctrl+X】组合键。

⑦ 保持选中D2单元格，清空编辑栏内容，单击"插入函数"按钮，弹出"插入函数"对话框，在"或选择类别"下拉列表中选择"逻辑"，在"选择函数"列表框中选中IF，单击"确定"按钮。

⑧ 弹出IF()函数参数对话框，如图4-2-24所示，在"测试条件"文本框中右击，在弹出的快捷菜单中选择"粘贴"命令，或按【Ctrl+V】组合键，复制完成函数表达式"MOD(MID(C2,17,1),2)"，然后在复制的表达式末尾输入"=0"，在"真值"文本框中输入"女"，在"假值"文本框中输入"男"，然后单击"确定"按钮。

项目四 WPS 表格 139

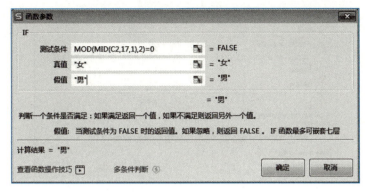

图 4-2-24　计算结果填入 IF 函数参数对话框

⑨ 返回工作表窗口，选中D2单元格，并拖动填充柄至D31单元格，则完成从身份证号中提取所有学生的性别。

4）利用MID()、VLOOKUP()函数在学号中提取并匹配所属部门

① 单击"学生基本信息表"的E2单元格，然后单击编辑栏中的"插入函数"按钮，弹出"插入函数"对话框，在"查找函数"文本框中输入函数名MID，单击"确定"按钮。

② 弹出图4-2-25所示的MID()函数对话框，在"字符串"文本框中选中A2单元格，在"开始位置"文本框中输入数字5，在"字符个数"文本框中输入数字2，单击"确定"按钮。

图 4-2-25　MID() 函数提取部门代号值

③ 再次选中E2单元格，鼠标移至编辑栏，选中"="后的函数表达式"MID(A2,5,2)"并右击，在弹出的快捷菜单中选择"剪切"命令，或直接按【Ctrl+X】组合键进行剪切操作。

④ 清除E2单元格内容，然后单击编辑栏中的"插入函数"按钮，弹出"插入函数"对话框，找到VLOOKUP()函数，单击"确定"按钮，弹出图4-2-26所示的VLOOKUP()函数参数对话框。

⑤ 在"查找值"文本框中粘贴函数表达式MID(A2,5,2)，在"数据表"右侧单击折叠按钮后选中"部门对照表"，并用鼠标选择A2:B10单元格区域，返回函数参数对话框，将"部门对照表!A2:B10"的单元格区域地址添加符号"$"后修改为单元格地址绝对引用形式，在"列序数"文本框中输入部门名称所在列的列序号2，然后单击"确定"按钮。

视　频

匹配填充部门名称

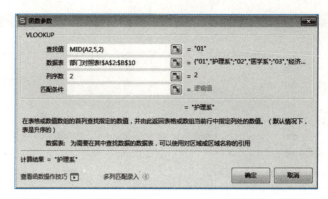

图 4-2-26　计算结果填入 VLOOKUP() 函数参数对话框

⑥ 选中E2单元格并拖动填充柄至E31单元格，即完成学生所在部门名称的匹配。

5）直接输入IF()函数表达式完成奖学金等级的计算

① 单击H3单元格，在编辑栏中输入函数表达式"=IF(G2<=10,"一等",IF(G2<=20,"二等","三等"))"，按【Enter】键后即计算出首位同学的奖学金等级。

② 选中H3单元格并拖动填充柄至H31单元格，完成所有学生的奖学金等级计算。

"学生基本信息表"完成后如图4-2-27所示。

姓名	身份证号	性别	部门	入学年份	名次	奖学金等级
王玉艳	******200101052535	男	护理系	2019	5	一等
章美娟	******200206105739	男	信息工程系	2019	2	一等
徐林辉	******200103264528	女	医学系	2019	19	二等
杜俊儒	******200112060624	女	机电管理系	2020	8	一等
张宏丽	******200010111948	女	经济管理系	2020	5	一等
赵芹	******200106031164	女	旅游管理系	2020	23	三等
安庆	******200004070865	女	护理系	2019	18	二等
赵丽娜	******200206200224	女	机电管理系	2019	21	三等
孙雪	******199912074912	男	医学系	2019	20	二等
刘光明	******200302104022	女	护理系	2020	28	三等
李丽清	******200210302068	女	经济管理系	2020	14	二等
杜小慧	******200105072545	女	信息工程系	2021	5	一等
刘红英	******200211122817	男	旅游管理系	2020	1	一等
李凤晴	******200208026928	女	应急管理学院	2020	14	二等
赵光荣	******200301280758	女	建筑工程系	2021	10	一等
徐拼拼	******200103040714	男	农牧科技系	2021	27	三等
姚叶东	******200301140826	女	信息工程系	2021	25	三等
钱宏顺	******200109242925	女	机电管理系	2022	14	二等
刘彦杰	******200211293368	女	应急管理学院	2022	29	三等
王燕飞	******200305125922	女	经济管理系	2021	2	一等
李舒芳	******200111071014	男	农牧科技系	2021	10	一等
郭良嵘	******200207100970	男	农牧科技系	2021	17	二等
张卓尔	******200207103330	男	建筑工程系	2022	12	二等
谷艳敏	******200308230023	女	应急管理学院	2022	12	二等
段鸿宇	******200310030020	女	建筑工程系	2020	4	一等
郑凤广	******200302251022	女	农牧科技系	2019	29	三等
李超贺	******200202163858	男	建筑工程系	2021	8	一等
林东来	******200405040323	女	建筑工程系	2020	21	三等
孙向辉	******20030202142X	女	机电管理系	2020	26	三等
吴慧茹	******200305310529	女	信息工程系	2021	23	三等

图 4-2-27　学生基本信息表完成效果

至此，完成任务二的全部操作。

任务三　月度员工考勤记录

任务引入

陈晓艺入职某商场的人事部，因工作需要她要统计员工本月考勤情况以及将数据形成可视化看板给领导进行报送，下面是陈晓艺根据商场提供的7月份员工的考勤统计表进行具体分析的过程以及最终形成的可视化看板。

任务要求

1. 按照入职时间升序对考勤记录表进行排序。
2. 按照部门名称升序排序，并且同部门员工按照基本工资由高到低排序。
3. 筛选查看"研发部"员工的详细记录。
4. 查看入职时间在2020年1月1日至2020年12月30日之间的所有员工记录。
5. 查看本月内迟到超过3次或者有过旷工记录的员工记录。
6. 统计每个部门所有员工的基本工资总和。
7. 对每个部门不同学历层次员工的基本工资进行求和。
8. 根据"基础数据统计表"制作图4-3-1所示的可视化看板，查看员工部门分布和学历分布的百分比情况，以及按部门和按学历层次查看工资支出对比图。

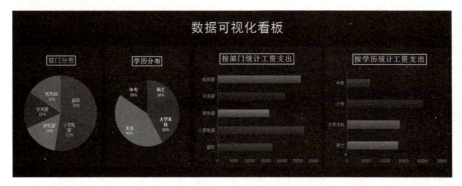

图 4-3-1　数据可视化看板效果图

任务分析

月度员工考勤记录主要学习数据清单的概念，数据排序、筛选、分类汇总以及创建图表和格式化图表的方法。任务三思维导图如图4-3-2所示。

图 4-3-2 任务三思维导图

 相关知识

1. 数据清单

WPS电子表格的数据清单具有数据库的特点，并具有数据库的组织、管理和处理数据的功能，利用它可以实现数据的排序、筛选、分类汇总、统计和查询等操作。

具有二维表特性的电子表格在WPS电子表格中称为数据清单。数据清单类似于数据库表，可以像数据库表一样使用，其中行表示记录，列表示字段。数据清单的第一行必须为文本类型，为相应列的名称。在此行的下面是连续的数据区域，每一列包含相同类型的数据。在执行数据库操作（如查询、排序等）时，WPS电子表格会自动将数据清单看作数据库，并使用下列数据清单中的元素组织数据。

数据清单中的列是数据库中的字段。

数据清单中的列标志是数据库中的字段名称。

数据清单中的每一行对应数据库中的一条记录。

2. 排序

没有经过排序的数据列表不利于对数据进行查找和分析。WPS电子表格提供了多种对工作表区域进行排序的方法，我们可以根据需要按行或列、按升序或降序，或按自定义序列来排序。

3. 筛选

筛选数据就是将不符合特定条件的行隐藏起来，这样可以方便用户查看数据。WPS电子表格提供了两种筛选方式，即自动筛选和高级筛选。

自动筛选适用于简单条件的筛选，而高级筛选适用于复杂条件的筛选。

在设置自动筛选的自定义条件时，可以使用通配符"？"与"*"，其中问号"？"代表任意单个字符，星号"*"代表任意一组字符串。若多个字段都设置了筛选条件，则多个字段的筛选条件之间是"与"的关系。对于已经设置了筛选条件的数据清单，再次单击"筛选"按钮，则会取消自动筛选，所有数据恢复到初始状态。

如果条件比较复杂，可以使用高级筛选。使用高级筛选功能可以一次把想要看到的数据都找出来。设置高级筛选的条件区域时应注意：高级筛选的条件区域至少有两行，第一行是字段名，下面的行放置筛选条件，这里的字段名一定要与数据清单中的字段名完全一致；在所设置的条件区域中，同一行上的条件认为是"与"条件，而不同行上的条件认为是"或"条件。

4. 分类汇总

分类汇总是WPS表格中最常用的功能之一，它能够快速地以某一个字段为分类项，对数据清单中的数据进行各种统计操作，如求和、平均值、最大值、最小值、乘积以及计数等。

在进行分类汇总前，需要先按分类字段对数据清单进行排序。

5. 数据可视化

WPS电子表格中以表数据为基础，以建立柱形图、折线图和饼图等图表的形式反映数据变化的趋势即为数据可视化，借助图表可以更加清晰地分析数据，为使用者做出决策提供帮助。

任务实施

本任务的实施整体过程如下：

排序 → 筛选 → 分类汇总 → 插入图表制作展板

1. 按照入职时间升序对考勤记录表进行排序

打开"月度员工考勤记录"文档，选择"考勤记录表"为活动工作表，单击G3:G2单元格区域中的任意一个单元格，然后单击"数据"选项卡中的"排序"下拉按钮，展开下拉菜单，选择"升序"命令即可完成单关键字排序，如图4-3-3所示。

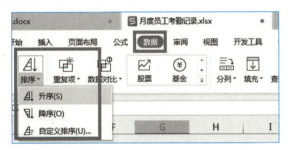

图4-3-3 按时间升序排序

2. 按照部门名称升序排序，并且同部门员工按照基本工资由高到低排序

单击A3:J22单元格区域内任意一个单元格，然后单击"数据"选项卡中的"排序"下拉按钮，展开下拉菜单，选择"自定义排序"命令，弹出"排序"对话框，在"主要关键字"下拉列表中选择"部门"，排序依据为"数值"，次序选择"升序"，然后单击"添加条件"按钮，增加一行"次要关键字"，在下拉列表中选择"基本工资"，排序依据选择"数值"，次序为"降序"，最后单击"确定"按钮，如图4-3-4所示。

图 4-3-4　多关键字排序

3. 筛选查看"研发部"员工的详细记录

单击A3:J22单元格区域内任意一个单元格，然后单击"数据"选项卡中的"筛选"下拉按钮，展开下拉菜单，选择"筛选"命令，如图4-3-5所示，可以看到工作表中所有字段名后出现下拉按钮符号，单击"部门"右侧的下拉按钮，展开图4-3-6所示的"内容筛选"对话框，只选中"研发部"复选框，然后单击"确定"按钮。可以看到"研发部"详情，其他记录则被自动隐藏，如图4-3-7所示。

视 频

筛选

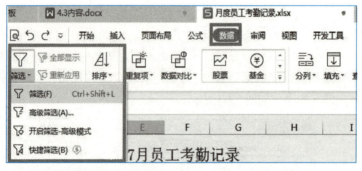

图 4-3-5　自动筛选

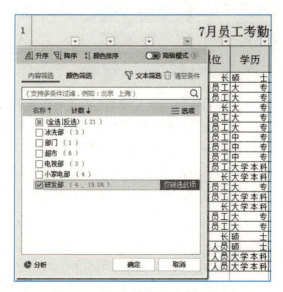

图 4-3-6　筛选"研发部"员工信息

图 4-3-7　研发部筛选结果

4. 查看入职时间在2020年1月1日至2020年12月30日之间的所有员工记录

① 单击"数据"选项卡中的"全部显示"按钮，返回数据清单初始状态。

② 单击A3:J22单元格区域内任意一个单元格，单击"数据"选项卡中的"筛选"下拉按钮，展开下拉菜单，选择"筛选"命令，单击"入职时间"右侧的下拉按钮，展开图4-3-8所示的对话框，单击"日期筛选"按钮，在展开的菜单中选择"介于"命令（见图4-3-8），弹出"自定义自动筛选方式"对话框，将日期起始时间设置为"2020/01/01"，终止时间设置为"2020/12/30"，如图4-3-9所示，然后单击"确定"按钮。

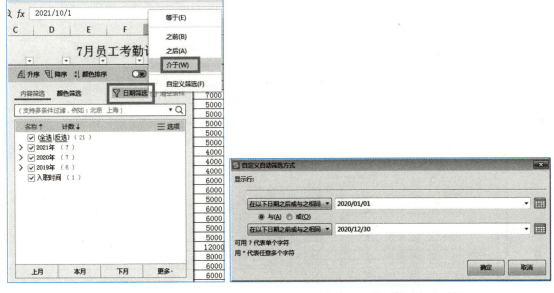

图 4-3-8　设置时间筛选条件　　　　　图 4-3-9　设置筛选起止时间

5. 查看本月内迟到超过3次或者有过旷工记录的员工记录

① 单击"数据"选项卡中的"全部显示"按钮，返回数据清单初始状态。

② 选中I2:J2单元格区域，复制到M2:N2，单元格区域。

③ 在M3单元格输入">=3"，在N4单元格输入">0"。

④ 单击"数据"选项卡中的"筛选"下拉按钮，展开下拉菜单，选择"高级筛选"命令，弹出"高级筛选"对话框，在"列表区域"文本框中选择A2:J22单元格区域，在"条件区域"文本框中选择M2:N4单元格区域，单击"确定"按钮，如图4-3-10所示。

视频

分类汇总

6. 统计每个部门所有员工的基本工资总和

① 单击"数据"选项卡中的"全部显示"按钮，返回数据清单初始状态。

② 按"部门"降序排序。

③ 选择A2:J22单元格区域，单击"分类汇总"按钮，弹出"分类汇总"对话框，"分类字段"选择"部门"，"汇总方式"选择"求和"，"选定汇总项"勾选"基本工资"，并勾选"替换当前分类汇总"和"汇总结果显示在数据下方"复选框（见图4-3-11），单击"确定"按钮，结果如图4-3-12所示。

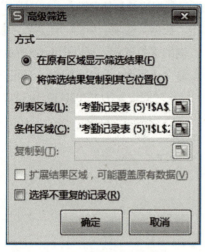

图 4-3-10 "高级筛选"对话框

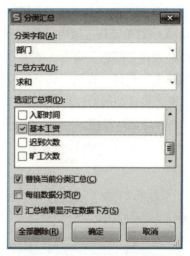

图 4-3-11 "分类汇总"对话框

图 4-3-12 按部门分类汇总效果

7. 对每个部门不同学历层次的员工的基本工资进行求和查看

① 单击"分类汇总"按钮,弹出"分类汇总"对话框,单击"全部删除"按钮,返回数据清单初始状态。

② 按照"部门"为第一关键字升序且"学历"为第二关键字升序重新排序。

③ 选择A2:J22单元格区域,单击"分类汇总"按钮,弹出"分类汇总"对话框,"分类字段"选择"部门","汇总方式"选择"求和","选定汇总项"勾选"基本工资",并勾选"替换当前分类汇总"和"汇总结果显示在数据下方"复选框,单击"确定"按钮。

④ 选择A2:J27单元格区域,再次单击"分类汇总"按钮,弹出"分类汇总"对话框,"分类字段"选择"学历","汇总方式"选择"求和","选定汇总项"勾选"基本工资",并取消勾选"替换当前分类汇总"复选框,然后单击"确定"按钮,如图4-3-13所示。

8. 根据"基础数据统计表"制作可视化看板,查看员工部门分布和学历分布的百分比情况,以及按部门和按学历层次查看工资支出对比图

视 频

可视化看板

① 单击工作表标签栏中的"+"号,新建空白工作表Sheet1并重命名为"可视化看板"。

② 在A1单元格输入"数据可视化看板",在"视图"选项卡中取消勾选"显示网格线"复选框,如图4-3-14所示。

图 4-3-13　二级分级显示分类汇总

图 4-3-14　隐藏网格线

③ 切换到"基础数据统计表",选择B3:C7单元格区域,单击"插入"选项卡中的"饼图"按钮(见图4-3-15),展开图4-3-16所示的饼图集,选择"二维饼图"的第一项,则在当前工作表插入基础饼图,如图4-3-17所示。

图 4-3-15　插入基础饼图

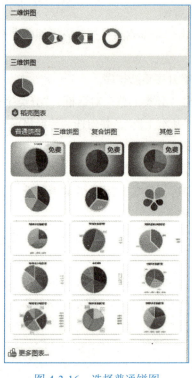

图 4-3-16　选择普通饼图

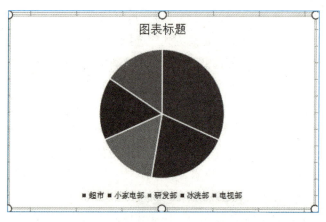

图 4-3-17　插入饼图

④ 单击"图表标题",修改为"部门分布";单击图表空白部分,功能区出现"绘图工具""文本工具""图表工具",如图4-3-18所示,单击"图表工具"选项卡中的"添加元素"下拉按钮,展开下拉菜单,选择"数据标签"→"更多选项"命令(见图4-3-19),打开图4-3-20所示的"属性"任务窗格,按照图示勾选"标签选项"有关内容。

图 4-3-18　图表工具

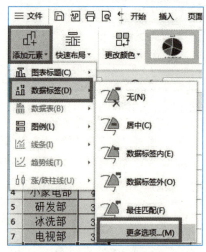

图 4-3-19　添加图表元素

⑤ 单击图表区空白位置，在打开的"属性"任务窗格中选择"图表选项"→"大小与属性"选项，将图表的高度设置为"9厘米"、宽度设置为"6.5厘米"，"填充与线条"设置填充色为"纯色填充"→"主题颜色"→"黑色"，并删除饼图下方的图例。

⑥ 单击图表标题"部门分布"，将文字颜色设置为白色，单击"绘图工具"选项卡，将轮廓线条设置为"标准色"→"黄色"，如图4-3-21所示，然后在打开的"属性"任务窗格中选择"标题选项"→"填充与线条"选项，展开"线条"选项，设置"宽度"为"1.5磅"。

图 4-3-20　设置标签选项

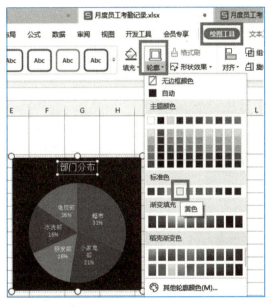

图 4-3-21　设置图表格式

⑦ 选择已格式化完成的饼图"部门分布"，将其移动到工作表"可视化看板"适当位置。

⑧ 选择"基础数据统计表"的B11:C14单元格区域，以同样的方式创建"学历分布"饼图，并将其移动到"可视化看板"中与"部门分布"饼图并列显示。

⑨ 选择"基础数据统计表"的B3:B7单元格区域和D3:D7单元格区域，以"插入二维条形图"的方式创建条形图"按部门统计工资支出"，并格式化条形图后移动到"可视化看板"与饼图并列的右侧位置。

⑩ 选择"基础数据统计表"的B11:B14单元格区域和D11:D14单元格区域，同样以"插入二维条形图"的方式创建条形图"按学历统计工资支出"，并格式化条形图后移动到"可视化看板"与"按部门统计工资支出"并列的右侧位置。

调整"可视化看板"中的各图形位置，最终窗口效果如图4-3-22所示。

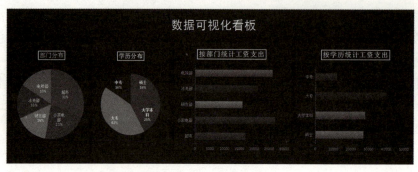

图 4-3-22　看板效果图

至此，完成任务三的全部操作。

项目五
WPS 演示

WPS演示是WPS Office的三大核心组件之一,经常被运用到宣传演示、工作汇报、教学授课等演示文稿的制作,是我们必须熟练掌握的一项基本技能。该软件可以通过文本、图片、视频和动画等多媒体表达较为复杂的内容,帮助用户制作出图文并茂、富有感染力的演示文稿,使其更容易被观众理解。本项目将依托制作"年度工作总结"对WPS演示的应用做逐步深入的介绍。

本章知识导图

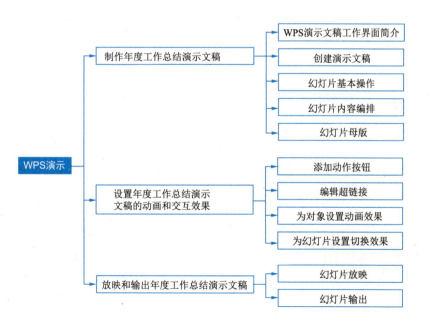

学习目标

· 了解：

WPS演示的功能和操作界面；
演示文稿与幻灯片的概念区分；
母版和模板在制作演示文稿中的作用；
根据需要设置不同的放映方式。

· 理解：

演示文稿多种创建方式；
幻灯片的风格设计；
应用模板统一演示文稿的整体效果。

· 应用：

将图片、形状、表格、图表等对象应用于幻灯片，为幻灯片设置切换效果以及为幻灯片内容设计动画效果以丰富演示文稿的表现。

· 分析：

通过本项目的学习，学会将各种素材组织在一起制作成丰富多彩的演示文稿，并能够根据环境进行演示文稿的放映。

· 养成：

养成有效传达信息的基本表达能力。

任务一 制作年度工作总结演示文稿

任务引入

年度总结会议往往是大多数用人单位都要召开的会议，会议往往要求每个人对自己上一年度的工作情况进行总结，并以演示文稿的形式在会议上进行展示。本任务将通过制作年度工作总结演示文稿进行演示文稿的讲解，本任务的参考效果如图5-1-1所示。

图 5-1-1　年度工作总结演示文稿完成效果图

项目五 WPS 演示 153

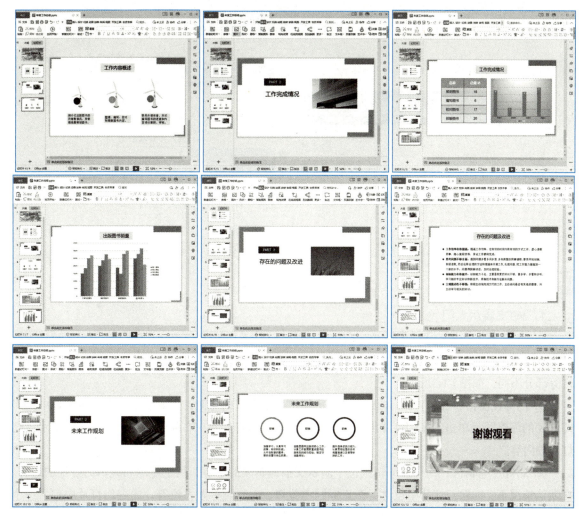

图 5-1-1　年度工作总结演示文稿完成效果图（续）

任务要求

1. 创建WPS演示文稿文档并保存至D盘，命名为"年度工作总结.pptx"。
2. 设计幻灯片母版。
3. 在普通视图中编辑幻灯片。

任务分析

制作年度工作总结演示文稿包括新建演示文稿、幻灯片的新建、复制、删除、移动等常用操作、幻灯片的文本编排、插入图片与图表、编辑幻灯片母版等。本任务制作中运用了WPS Office演示文稿进行演示文稿的基本操作，如演示文稿的新建与保存、幻灯片的新建等操作、幻灯片内容的编辑、幻灯片母版的设计与应用等。本任务的思维导图如图5-1-2所示。

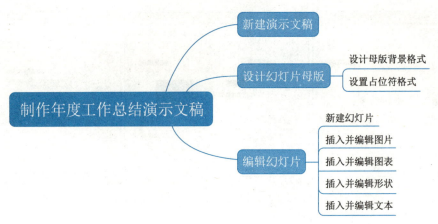

图 5-1-2　任务一思维导图

相关知识

1. WPS演示入门

1）WPS演示文稿的工作界面

WPS演示的工作界面与WPS文字的工作界面大致相同，只有导航窗格、幻灯片编辑区和备注窗格等部分不同，如图5-1-3所示。

① 幻灯片窗格："幻灯片"浏览窗格位于幻灯片编辑区的左侧，主要显示当前演示文稿中所有幻灯片的缩略图，单击某张幻灯片缩略图，可跳转到该幻灯片并在右侧的幻灯片编辑区中显示该幻灯片的内容。

② 幻灯片编辑区：幻灯片编辑区位于演示文稿编辑区的中心，用于显示和编辑幻灯片的内容。在默认情况下，标题幻灯片中包含一个正标题占位符、一个副标题占位符，内容幻灯片中包含一个标题占位符和一个内容占位符。

③ 状态栏：状态栏位于工作界面的底端，用于显示当前幻灯片的页面信息，它主要由状态提示栏、"隐藏或显示备注面板"按钮、视图切换按钮组、"从当前幻灯片开始播放"按钮、"最佳显示比例"按钮和最右侧的显示比例栏六部分组成。其中，单击"隐藏或显示备注面板"按钮，将隐藏备注面板；单击"从当前幻灯片开始排放"按钮，可以播放当前幻灯片，若想从头开始播放或进行放映设置，则需要单击"播放"按钮右侧的下拉按钮，在打开的下拉列表中进行选择；用鼠标拖动显示比例栏中的缩放比例滑块，可以调节幻灯片的显示比例；单击状态栏中的"最佳显示比例"按钮，可以使幻灯片显示比例自动适应当前窗口的大小。

2）WPS演示的窗口视图方式

WPS演示为用户提供了普通视图、幻灯片浏览视图、阅读视图和备注视图四种视图模式，在工作界面下方的状态栏中单击相应的视图切换按钮或在"视图"选项卡中单击相应的视图切换按钮即可进入相应的视图。各视图的功能分别如下：

① 普通视图：普通视图是WPS演示默认的视图模式，打开演示文稿即可进入普通视图，单击"普通视图"按钮也可切换到普通视图。在普通视图中，可以对幻灯片的总体结构进行调整，也可以对单张幻灯片进行编辑。普通视图是编辑幻灯片最常用的视图模式。

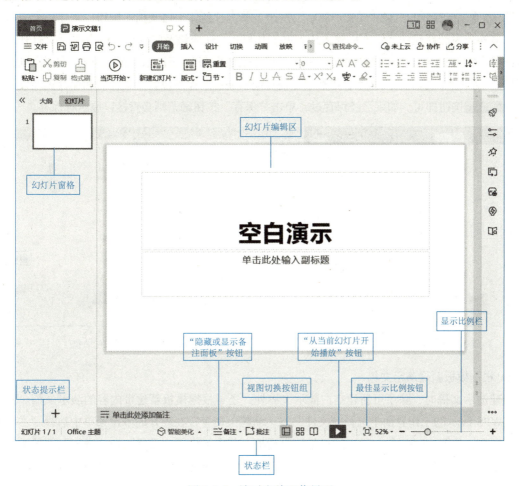

图 5-1-3　演示文稿工作界面

② 幻灯片浏览视图：单击"幻灯片浏览"按钮即可进入幻灯片浏览视图。在该视图中可以浏览演示文稿中所有幻灯片的整体效果，并且可以对其整体结构进行调整，如调整演示文稿的背景、移动或复制幻灯片等，但是不能编辑幻灯片中的内容。

③ 阅读视图：单击"阅读视图"按钮即可进入阅读视图。进入阅读视图后，可以在当前计算机上以窗口方式查看演示文稿放映效果，单击"上一页"按钮和"下一页"按钮可切换幻灯片。

④ 备注页视图：在"视图"选项卡中单击"备注页"按钮，可进入备注页视图。备注页视图可以将"备注"窗格以整页格式显示，在备注页视图中可以更加方便地编辑备注内容。

2. 演示文稿的基本操作

1）新建并保存演示文稿

启动 WPS Office 后，会进入图5-1-4所示的 WPS 首页，在上方单击"新建"按钮，或选择"新建"选项，在打开的页面中单击"演示"按钮，单击"新建空白文档"按钮，新建一个空白演示文稿。另外，为已新建的演示文稿输入内容并制作好后，还应该及时保存，以方便下次打开。其方法是：按【Ctrl+S】组合键或单击快速访问工具栏中的"保存"按钮，如果是第一次保存则会弹出"另存为"对话框，如图5-1-5所示，在其中可设置演示文稿的保存位置、文件名和保存类型设置完成后单击 保存(S) 按钮即可。如果已经保存过，单击"保存"按钮，则会直接以原名称保存。

图 5-1-4　WPS 演示首页　　　　　　　　图 5-1-5　"另存为"对话框

2）根据模板新建演示文稿

新建演示文稿时，除了可新建空白演示文稿外，还可根据模板新建带内容的演示文稿。其方法是：在WPS 演示的工作界面中选择"文件"→"新建"命令，在展开的下拉菜单中选择"本机上的模板"命令，如图5-1-6所示，弹出"模板"对话框，其中提供了"常规"和"通用"两种类型，如图5-1-7所示，选择所需模板样式后，单击"确定"按钮，便可新建该模板样式的演示文稿，然后根据需要修改文档内容，以便快速制作文档。

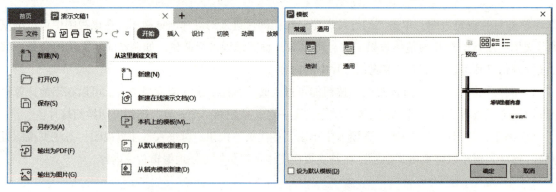

图 5-1-6　选择需要的模板　　　　　　　　图 5-1-7　"模板"对话框

3. 幻灯片的基本操作

一个演示文稿通常由多张幻灯片组成，在制作演示文稿的过程中往往需要对多张幻灯片进行操作，如新建幻灯片、应用幻灯片版式、选择幻灯片、移动和复制幻灯片、删除幻灯片、显示和隐藏幻灯片、播放幻灯片等，下面分别进行介绍。

1）新建幻灯片

在新建空白演示文稿或利用模板新建演示文稿时，默认只有一张幻灯片，不能满足实际需要，因此，需要用户手动新建幻灯片。新建幻灯片的方法主要有以下两种：

① 在"幻灯片"浏览窗格中新建幻灯片：在"幻灯片"浏览窗格的空白区域或是已有的幻灯片上右击，在弹出的快捷菜单中选择"新建幻灯片"命令；将鼠标指针移动到已有幻灯片上，单击幻灯片右下角显示的"新建幻灯片"按钮，或单击"幻灯片"浏览窗格下方的"新建幻灯片"按钮，在打开的面板中选择需要的幻灯片版式，即可新建幻灯片，如图5-1-8所示。

② 通过按钮新建幻灯片：在普通视图或幻灯片浏览视图中选择一张幻灯片，单击"开始"选项卡中的"新建幻灯片"下拉按钮，展开下拉菜单，选择一种幻灯片版式即可，如图5-1-9所示。

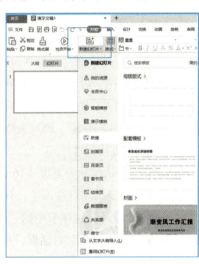

图 5-1-8　浏览窗格新建幻灯片　　　　　图 5-1-9　通过按钮新建幻灯片

2）选择幻灯片

选择幻灯片是编辑幻灯片的前提，选择幻灯片的方法主要有以下三种：

① 选择单张幻灯片：在"幻灯片"浏览窗格中单击幻灯片缩略图可选择当前幻灯片。

② 选择多张幻灯片：在幻灯片浏览视图或"幻灯片"浏览窗格中按住【Shift】键并单击幻灯片可选择多张连续的幻灯片，按住【Ctrl】键并单击幻灯片可选择多张不连续的幻灯片。

③ 选择全部幻灯片：在幻灯片浏览视图或"幻灯片"浏览窗格中按【Ctrl+A】组合键，可选择全部幻灯片。

3）移动和复制幻灯片

当需要调整某张幻灯片的顺序时，可直接移动该幻灯片。当需要使用某张幻灯片中已有的版式或内容时，可直接复制该幻灯片进行更改，以提高工作效率。移动和复制幻灯片的方法主要有以下三种：

① 通过拖动移动和复制幻灯片：选择需移动的幻灯片，按住鼠标左键不放拖动到目标位置后释放鼠标完成移动操作；选择幻灯片，按住【Ctrl】键的同时并拖动幻灯片到目标位置，即可完成幻灯片的复制操作。

② 通过菜单命令移动和复制幻灯片：选择需移动或复制的幻灯片并右击，在弹出的快捷菜单中选择"剪切"或"复制"命令，定位到目标位置并右击，在弹出的快捷菜单中选择"粘贴"命令，完成幻灯片的移动或复制。

③ 通过组合键移动和复制幻灯片：选择需移动或复制的幻灯片，按【Ctrl+X】组合键（剪切）或按【Ctrl+C】组合键（复制），然后在目标位置按【Ctrl+V】组合键进行粘贴，完成移动或复制操作。

4）删除幻灯片

在"幻灯片"浏览窗格或幻灯片浏览视图中均可删除幻灯片，具体方法有如下两种：

① 选择要删除的幻灯片并右击，在弹出的快捷菜单中选择"删除幻灯片"命令。

② 选择要删除的幻灯片，按【Delete】键。

5）显示和隐藏幻灯片

隐藏幻灯片后，在播放演示文稿时，不显示隐藏的幻灯片，当需要时可再次将其显示出来。

① 隐藏幻灯片：在"幻灯片"浏览窗格中选择需要隐藏的幻灯片并右击，在弹出的快捷菜单中选择"隐藏幻灯片"命令，可以看到所选幻灯片的编号上有一根斜线，表示幻灯片已经被隐藏。

② 显示幻灯片：在"幻灯片"浏览窗格中选择需要显示的幻灯片并右击，在弹出的快捷菜单中选择"隐藏幻灯片"命令，即可去除编号上的斜线，在播放时将显示该幻灯片。

6）更改幻灯片尺寸

幻灯片的默认尺寸为宽屏（16:9），如果这不能满足实际需要，则可将其设置为标准（4:3），或根据实际需求自定义幻灯片尺寸，具体操作步骤如下：

① 单击"设计"选项卡中的"幻灯片大小"下拉按钮，展开下拉菜单，选择"自定义大小"命令，弹出"页面设置"对话框，根据实际需求在"幻灯片大小"区域的"宽度"和"高度"文本框中输入数值，然后单击"确定"按钮，如图5-1-10所示。

② 弹出"页面缩放选项"对话框，单击"确保适合"按钮，如图5-1-11所示。

③ 演示文稿中的所有幻灯片将调整为设置的尺寸。

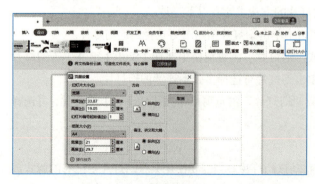

图 5-1-10　设置幻灯片尺寸

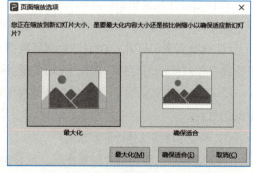

图 5-1-11　"页面缩放选项"对话框

4. 幻灯片的内容编排

幻灯片的内容一般由文本、艺术字、图片、表格、图表、超链接等组成，接下来对这些幻灯片内容的编排进行介绍。

1）插入文本

文本是幻灯片中不可或缺的内容，无论是演讲类、报告类还是形象展示类的演示文稿，都离不开文本的输入与编辑。幻灯片的文本编排主要包括输入文本、编辑文本、插入并编辑艺术字等操作，在幻灯片中编排文本，与在WPS文字中的操作方法相似，下面进行简要介绍。

（1）输入文本

在幻灯片中可以通过占位符和文本框两种方法输入文本。

① 在占位符中输入文本：新建演示文稿或插入新幻灯片后，幻灯片中通常会包含两个或多个虚线文本框，即占位符。占位符可分为文本占位符和项目占位符两种形式，其中文本占位符用于放置标题和正文等文本内容，单击占位符，即可输入文本内容，如图5-1-12所示；项目占位符中通常包含"插入图片""插入表格""插入图表""插入媒体"等项目，单击相应的图标，可插入相应的对象，如图5-1-13所示。

② 通过文本框输入文本：幻灯片中除了可在占位符中输入文本，还可以通过在空白位置绘制文本框来添加文本。单击"插入"选项卡中的"文本框"下拉按钮，展开下拉菜单，选择"横向文本框"命令或"竖向文本框"命令，当鼠标指针变为"+"形状时，单击需添加文本的空白位置就会出现一个文本框，在其中输入文本即可。

图 5-1-12　文本占位符

图 5-1-13　项目占位符

（2）修改文本

选择文本后，重新输入正确的文本，或者先按【Delete】或【BackSpace】键删除错误的文本，再输入正确的文本。

（3）编辑文本格式

为了使幻灯片更加美观和形象，通常需要对其字体、字号、颜色及特殊效果等进行设置。在WPS演示中主要可以通过"文本工具"选项卡和"字体"对话框设置文本格式。幻灯片中文本格式的设置和WPS文字中的操作方法相似，在此不再赘述。

2）插入并编辑艺术字

在编排演示文稿时，为了使幻灯片更加美观和形象，常常需要用到艺术字，以达到美化文档的目的。

① 插入艺术字：在WPS演示中插入艺术字的操作与在WPS文字中插入艺术字的操作基本相同。具体方法如下：选择需要插入艺术字的幻灯片，单击"插入"选项卡中的"艺术字"下拉按钮，展开下拉菜单，选择需要的艺术字样式，然后修改艺术字的文字即可。

② 编辑艺术字：编辑艺术字是指对艺术字的文本填充颜色、文本效果、文本轮廓以及预设样式等进行设置。选择需要编辑的艺术字，在"绘图工具"选项卡和"文本工具"选项卡中进行设置即可，如图5-1-14和图5-1-15所示。

图 5-1-14　"绘图工具"选项卡

图 5-1-15　"文本工具"选项卡

3）插入图片、表格和图表

图片和图表不仅可以丰富幻灯片内容，还可以对文字进行补充说明。与WPS文字一样，在WPS演示中制作演示文稿时，也可以插入图片、图表等对象，且插入与编辑操作基本相同。

（1）插入图片

单击"插入"选项卡中的"图片"下拉按钮，展开下拉菜单，单击"本地图片"按钮（见图5-1-16），弹出"插入图片"对话框，选择要插入的图片，单击"插入"按钮即可在幻灯片中插入保存在计算机中的图片。此外，也可以在展开的下拉菜单中单击"分页插图"按钮，弹出"分页插入图片"对话框，选择多张图片，可依次将图片插入到每张幻灯片中；单击"手机图片/拍照"按钮，则可将手机中保存的图片插入到幻灯片中。

在WPS演示中，如果对插入后的图片尺寸不满意，还可以在"图片工具"选项卡的"高度"或"宽度"文本框中输入具体的数值。同时，也可以单击"图片工具"选项卡中的"裁剪"按钮对图片的内容进行裁剪。

图 5-1-16　插入图片选项卡

（2）插入表格

WPS演示文稿作为一种元素多样化的文档，通常不需要添加太多的文本，而主要通过表格等形式展现出来更多的内容。表格能够直观展示幻灯片中的数据，以便于用户查看和快速获取有效信息。

具体操作步骤如下：

① 单击"插入"选项卡中的"插入表格"按钮，选择插入表格的行数和列数，然后单击"确定"按钮。

② 在表格中输入相应的数据，如图5-1-17所示。

序号	书名	销量/本
1	《计算机应用技术》	15000
2	《网页制作》	985
3	《数据库应用技术》	1420
4	《图像处理技术》	360

图 5-1-17　幻灯片中插入表格

③ 选择表格，单击"表格工具"选项卡中的"对齐方式"按钮，可以调整表格单元格中的文字对齐方式，如图5-1-18所示。

④ 保持表格的选中状态，单击"表格样式"选项卡中的下拉按钮，在弹出的下拉列表中可以选择想要的表格样式，如图5-1-19所示。

图 5-1-18　表格中数据对齐方式　　　　　图 5-1-19　表格样式

（3）插入图表

图表能够直观展示幻灯片中的数据，以便于用户查看和快速获取有效信息，插入图表的具体操作步骤如下：

① 单击"插入"选项卡中的"图表"按钮，弹出"图表"对话框，选择所需图表种类，如图5-1-20所示。

② 选择图表，单击"图表工具"选项卡中的"编辑数据"按钮，如图5-1-21所示。

③ 打开"WPS演示中的图表"窗口，在单元格中输入图表中需要展示的数据，并删除多余的数据区域，然后单击"关闭"按钮，如图5-1-22所示。

④ 选择图表，单击"图表工具"选项卡中的"快速布局"按钮，在弹出的下拉列表中选择相应的布局，如图5-1-23所示。

⑤ 保持图表的选择状态，单击图表右侧的"图表元素"按钮，在弹出的下拉列表中可以显示或者隐藏"坐标轴""轴标题""图表标题""数据标签"等图表元素，如图5-1-24所示。

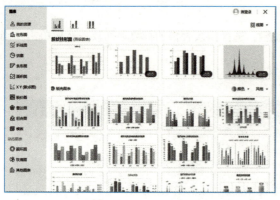

图 5-1-20　图表样式　　　　　　　　图 5-1-21　编辑数据

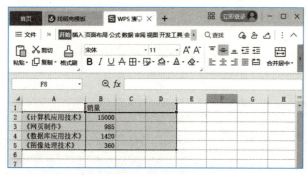 

图 5-1-22　插入图表数据　　　　　　图 5-1-23　选择图表布局

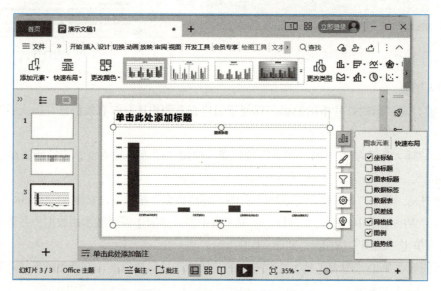

图 5-1-24　添加、取消图表元素

5. 幻灯片母版的编辑与运用

母版是存储了演示文稿中所有幻灯片主题或页面格式的幻灯片视图或页面，用它可以制作演示文稿中的统一标志、文本格式、背景等。使用母版可以快速制作出多张版式相同的幻灯片，可极大地提高工作效率。

1）母版的类型

母版是演示文稿中特有的概念，通过设计、制作母版，可以快速使设置的内容在多张幻灯片、讲义或备注中生效。在WPS演示中存在三种母版：幻灯片母版、讲义母版和备注母版，其作用分别如下：

① 幻灯片母版：幻灯片母版用于存储关于模板信息的设计模板，这些模板信息包括字形、占位符大小和位置、背景设计和配色方案等，只要在母版中更改了样式，对应幻灯片中相应的样式会随之改变。在"视图"选项卡中单击"幻灯片母版"按钮即可进入幻灯片母版视图，如图5-1-25所示。

② 讲义母版：讲义是指演讲者在放映演示文稿时使用的纸稿，纸稿中显示了每张幻灯片的大致内容、要点等。制作讲义母版就是设置这些内容在纸稿中的显示方式，主要包括设置每页纸张上显示的幻灯片数量、排列方式以及页眉和页脚信息等。单击"视图"选项卡中的"讲义母版"按钮即可进入讲义母版视图，如图5-1-26所示。

③ 备注母版：备注是指演讲者在幻灯片下方输入的内容，根据需要可将这些内容打印出来。制作备注母版是为了将这些备注信息打印在纸张上，而对备注进行的相关设置。

图 5-1-25　幻灯片母版

图 5-1-26　讲义母版视图

2）编辑幻灯片母版

编辑幻灯片母版与编辑幻灯片的方法类似，幻灯片母版中也可以添加图片、声音、文本等对象，但通常只添加通用对象，即只添加在大部分幻灯片中都需要使用的对象。完成母版样式的编辑后单击"关闭"按钮即可退出母版。

任务实施

本任务的实施整体过程如下：

创建演示文稿 → 编辑幻灯片母版 → 编辑幻灯片

● 视频

新建和保存演示文稿

1. 创建并保存WPS演示文稿

① 启动WPS Office，打开"首页"窗口，单击"新建"按钮，单击左侧"新建演示"按钮，单击"以'白色'为背景色新建空白演示"，进入新建的演示工作界面，如图5-1-27所示。

② 选择"文件"→"保存"命令，弹出"另存文件"对话框，选择文件的保存位置，然后在"文件名"文本框中输入文件名"年度工作总结"，单击"保存"按钮保存演示文稿。

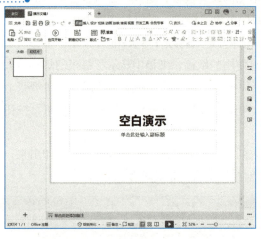

图 5-1-27　新建空白演示文稿

图 5-1-28　保存演示文稿

2. 编辑幻灯片母版

● 视频

编辑幻灯片母版

1）编辑Office主题母版

双击打开"年度工作总结.pptx"文档。

① 单击"视图"选项卡中的"幻灯片母版"按钮，进入演示文稿的母版视图，如图5-1-29所示。

② 在左侧的幻灯片窗格中选中"Office主题母版"，进入该版式的编辑界面，如图5-1-30所示。

图 5-1-29　母版视图

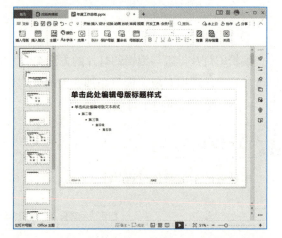

图 5-1-30　主题母版

③ 单击"插入"选项卡中的"图片"下拉按钮,展开下拉菜单,单击"本地图片"按钮,找到素材文件夹中的logo.jpg,单击"确定"按钮将公司标识插入幻灯片中,然后将图片移动到幻灯片的右上角,效果如图5-1-31所示。

2）编辑标题版式

① 在左侧的幻灯片窗格中选中"标题幻灯片"版式,进入该版式的编辑界面,如图5-1-32所示。

图 5-1-31　插入 Logo

图 5-1-32　标题幻灯片

② 单击"插入"选项卡中的"形状"下拉按钮,展开下拉菜单,选择"基本形状"→"L形",如图5-1-33所示。在幻灯片编辑区的合适位置绘制一个L形,如图5-1-34所示。

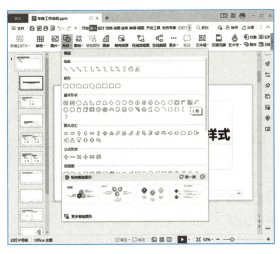
图 5-1-33　插入形状

图 5-1-34　插入 L 形

③ 选中刚才绘制的L形,单击"绘图工具"选项卡中的"填充"下拉按钮,展开下拉菜单,选择"橙色,着色4,深色,深色25%",如图5-1-35所示,将L形改为橙色。单击"绘图工具"选

项卡中的"轮廓"下拉按钮,展开下拉菜单,选择"无边框颜色"命令,将轮廓设置为无色,如图5-1-36所示。

图 5-1-35　修改 L 形填充色

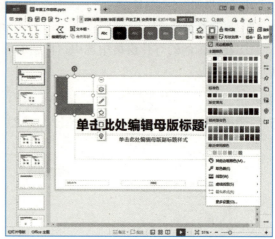

图 5-1-36　修改 L 形轮廓

④ 单击"绘图工具"选项卡中的"旋转"下拉按钮,展开下拉菜单,选择"向右旋转90度"命令,如图5-1-37所示,将L形旋转到合适的角度,效果如图5-1-38所示。

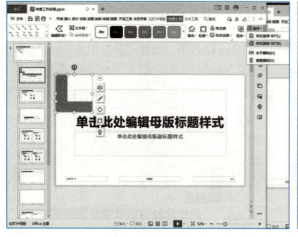

图 5-1-37　L 形旋转

图 5-1-38　旋转后效果

⑤ 保持L形处于选中状态,选中边框上的黄色菱形控制点,按下鼠标左键不放进行拖动,将L形调整为合适的粗细程度;选中边框上的白色圆圈控制点,按下鼠标左键不放进行拖动,将L形调整为合适的大小,如图5-1-39所示。

⑥ 选中L形,按【Ctrl+C】组合键,然后按【Ctrl+V】组合键,复制一个L形。将复制后的L形先进行"水平翻转",接着再"向右旋转90度",方法和⑤相同。然后将L形移动到幻灯片的右下角,效果如图5-1-40所示。

项目五 WPS 演示　167

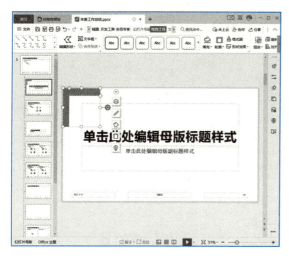

图 5-1-39　L 形调整

图 5-1-40　标题幻灯片效果

3）编辑仅标题版式

① 在左侧的幻灯片窗格中选中"仅标题"版式，进入该版式的编辑界面，如图 5-1-41 所示。

② 将"母版标题"占位符删除，将"标题幻灯片版式"中的 L 形复制到"仅标题版式"中，效果如图 5-1-42 所示。

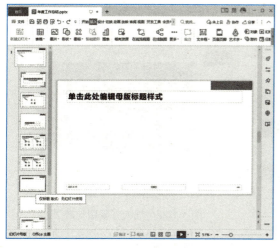

图 5-1-41　标题版式幻灯片

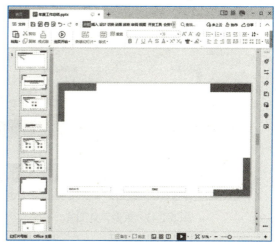

图 5-1-42　标题版式效果

4）编辑空白版式

① 在左侧的幻灯片窗格中选中"空白"版式，进入该版式的编辑界面，如图 5-1-43 所示。

② 将"标题幻灯片版式"中的 L 形复制到"空白版式"中，然后将其调整到合适大小，效果如图 5-1-44 所示。

③ 单击功能区中"幻灯片母版"选项卡中的"关闭"按钮，关闭幻灯片母版。

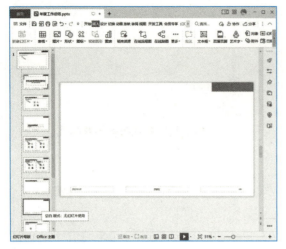

图 5-1-43 空白版式幻灯片

图 5-1-44 空白版式效果

● 视 频

编辑幻灯片

3. 编辑幻灯片

① 选中幻灯片窗格中的第一张幻灯片后右击,在弹出的快捷菜单中选择"更改背景图片"→"更换背景图片"命令,如图5-1-45所示,选择素材文件夹中的背景.png,单击"确定"按钮,效果如图5-1-46所示。

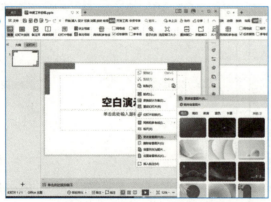

图 5-1-45 更换背景图片

图 5-1-46 插入背景图片效果

② 在幻灯片编辑区空白处右击,在弹出的快捷菜单中选择"设置背景格式"命令,弹出"对象属性"任务窗格,如图5-1-47所示。将透明度设置为60%,效果如图5-1-48所示。

③ 在上面的文本框中输入文本"2022年工作总结汇报",将文字大小设置为72;在下面的文本框中输入文本"张敏 2013年1月10日",将文本大小修改为32,颜色设置为黑色,效果如图5-1-49所示。

④ 单击幻灯片窗格下方的+按钮,选择"新建"→"母版版式"→"空白"命令,如图5-1-50所示,新建第二张幻灯片。

项目五　WPS 演示　169

图 5-1-47　设置背景格式

图 5-1-48　调整背景透明度

图 5-1-49　第一张幻灯片效果

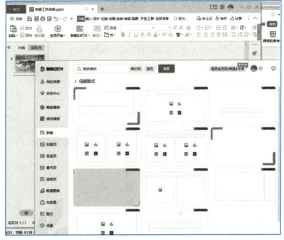

图 5-1-50　新建第二张幻灯片

⑤ 将鼠标指针定位到第二张幻灯片的编辑区，单击"插入"选项卡中的"形状"下拉按钮、展开下拉菜单，选择"矩形"命令，插入一个矩形。选中矩形，单击"绘图工具"选项卡中的"填充"下拉按钮、展开下拉菜单，选择"白色，背景1，深色，5%"，然后选择"轮廓"→"无边框颜色"，效果如图5-1-51所示。

⑥ 选中矩形并右击，在弹出的快捷菜单中选择"编辑文字"命令，输入"目录"二字；将目录二字设置为黑色，大小设置成72，效果如图5-1-52所示。

⑦ 用与步骤⑤相同的方法插入四个六边形，其中第一和第三个六边形的填充色为"主题色"→"暗石板灰，文本2，浅色25%"，第二和第四个六边形的填充为"标准色"→"橙色"，效果如图5-1-53所示。

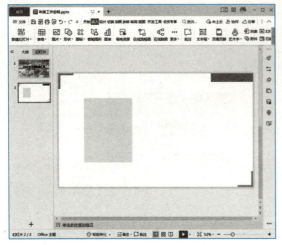

图 5-1-51　插入矩形

图 5-1-52　输入目录

⑧ 单击"插入"→"文本框"→"正文"命令，然后在文本框中输入"工作内容概述"，选中文本框中的文本，将其设置为宋体、大小为32，并将文本框移动到合适位置。利用相同的方法制作其他三个文本框，效果如图5-1-54所示。

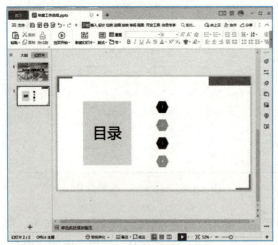

图 5-1-53　插入六边形

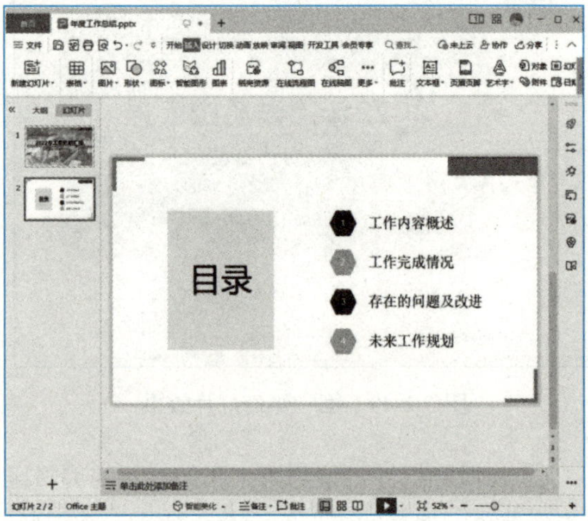

图 5-1-54　第二张幻灯片效果

⑨ 单击幻灯片窗格下方的➕按钮，选择"新建"→"母版版式"→"仅标题"命令，新建第三张幻灯片。

⑩ 利用⑤的方法插入一个矩形，填充为"暗石板灰，文本2，浅色25%"，并在矩形中输入文字"PART 1"，将文字的大小设置为24。在矩形下方插入一个文本框，并输入文本"阶段工作概述"，将文本大小设置为40。单击"插入"→"图片"→"本地图片"按钮，找到图片1，将其插入幻灯片中，然后将其移动到合适位置，效果如图5-1-55所示。

⑪ 单击幻灯片窗格下方的➕按钮，选择"新建"→"母版版式"→"空白"命令，新建第四张幻灯片。

⑫ 插入一个矩形，填充为"主题颜色"→"白色，背景1，深色5%"，无边框色，在矩形中输入文本"工作内容概述"，将文本大小设置为32，颜色为黑色。在第四张幻灯片中插入图片2、图片3、图片4，并移动到合适位置。分别插入三个文本框，并输入相应文本，将文本设置为宋体、20。同时选中图片下方的三个文本框，单击"文本工具"→"形状填充"→"白色，背景1，深色5%"命令，效果如图5-1-56所示。

图 5-1-55　第三张幻灯片效果

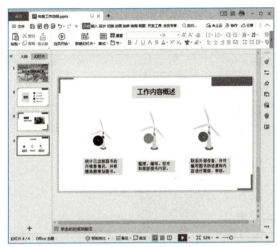

图 5-1-56　第四张幻灯片效果

⑬ 单击幻灯片窗格下方的 ➕ 按钮，选择"新建"→"母版版式"→"仅标题"命令，新建第五张幻灯片。利用与⑩相同的方法制作第五张幻灯片，效果如图5-1-57所示。

⑭ 单击幻灯片窗格下方的 ➕ 按钮，选择"新建"→"母版版式"→"空白"命令，新建第六张幻灯片。利用步骤⑫的方法，插入工作完成情况及其矩形。单击"插入"→"表格"按钮，插入一个5行2列的表格，并在表格中输入数据，如图5-1-58所示。

图 5-1-57　第五张幻灯片效果

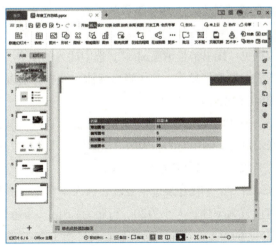

图 5-1-58　插入表格

⑮ 选中插入的表格，将鼠标指针放置在定界边框的点上面，将表格调整到合适大小。选中表格，单击"表格工具"中的居中对齐和水平居中按钮，并将文字大小调整为24。单击"表格工具"→"表格样式"→"中色系"→"中度样式2-强调4"，再单击"表格工具"→"边框"→"所有框线"。效果如图5-1-59所示。

⑯ 单击"插入"→"图表"→"柱形图"→"簇状柱形图"按钮，插入图表。选中图表，单击"图表工具"→"编辑数据"按钮，即可打开Excel文件，将Excel文件中的数据删除，并将幻灯片中表格的数据粘贴到Excel文件中，然后关闭Excel文件，效果如图5-1-60所示。

图5-1-59　套用表格样式　　　　　　　　图5-1-60　插入图表

⑰ 选中上一步插入的图表，单击"图表工具"→"更改颜色"→"单色"，选择"单色"中的第四个颜色。单击"图表工具"→"预设样式"→"样式4"。单击图表右侧的"图表元素"按钮，取消勾选"图标标题"复选框，效果如图5-1-61所示。

⑱ 单击幻灯片窗格下方的+按钮，选择"新建"→"母版版式"→"空白"命令，新建第七张幻灯片。利用步骤⑫的方法，插入工作完成情况及其矩形。利用步骤⑯相同的方法插入图表，图书数据见"图书销量情况.xlsx"。选中插入的图表，单击"图表元素"→"快速布局"→"布局1"，将图表标题取消显示，选中横坐标轴、纵坐标轴以及图例的文本，将其设置为宋体、大小12，效果如图5-1-62所示。

⑲ 单击幻灯片窗格下方的+按钮，选择"新建"→"母版版式"→"仅标题"命令，新建第八张幻灯片。利用与⑩相同的方法制作第八张幻灯片，效果如图5-1-63所示。

⑳ 单击幻灯片窗格下方的+按钮，选择"新建"→"母版版式"→"空白"命令，新建第九张幻灯片。利用步骤⑫的方法，插入工作完成情况及其矩形。插入文本框，并录入相应文本，将文本设置为宋体、大小为20、行距为1.5倍，为每个段落设置项目符号，并将部分文字加粗，效果如图5-1-64所示。

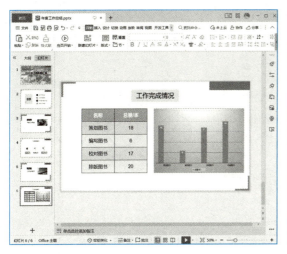
图 5-1-61　设置图表格式

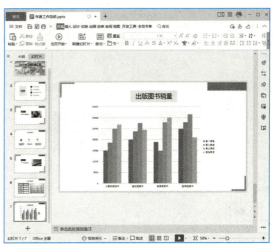
图 5-1-62　第七张幻灯片效果

图 5-1-63　第八张幻灯片效果

图 5-1-64　第九张幻灯片效果

㉑ 单击幻灯片窗格下方的+按钮，选择"新建"→"母版版式"→"仅标题"命令，新建第十张幻灯片。利用与⑩相同的方法制作第十张幻灯片，效果如图5-1-65所示。

㉒ 单击幻灯片窗格下方的+按钮，选择"新建"→"母版版式"→"空白"命令，新建第十一张幻灯片。利用步骤⑫的方法，插入工作完成情况及其矩形。单击"插入"→"形状"→"基本形状"→"椭圆"，按住【Shift】键的同时按下鼠标左键拖动绘制一个圆。选中圆，单击"任务窗格"→"对象属性"→"填充与线条"→"填充"→"无填充"，单击"线条"→"宽度"→"10磅"，单击"线条"→"颜色"→"橙色，着色4，深色25%"。在圆内输入文本"职责"，将文本颜色改为黑色。在圆的下方插入文本框，在文本框中输入相关文字。利用相同的方法制作本幻灯片中的其他元素，其中第二个圆的边框颜色为"轮廓"→"渐变填充"→"蓝色-深蓝渐变"，第三个圆的边框颜色为"轮廓"→"渐变填充"→"紫色-暗板岩蓝渐变"。最终效果如图5-1-66所示。

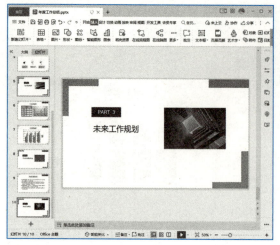

图 5-1-65　第十张幻灯片效果

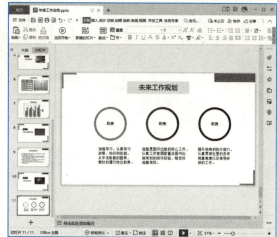

图 5-1-66　第十一张幻灯片效果

㉓ 单击幻灯片窗格下方的＋按钮，选择"新建"→"母版版式"→"仅标题"命令，新建第十二张幻灯片，并利用与步骤①相同的方法设置该幻灯片的背景图片。在该幻灯片上插入一个矩形，填充色为"白色，背景1，深色5%"，轮廓为无边框颜色。单击"插入"→"艺术字"→"预设样式"→"渐变填充-番茄红"，输入"谢谢观看"。单击"文本工具"→"文本填充"→"渐变填充"→"深蓝-午夜蓝渐变"。最终效果如图5-1-67所示。

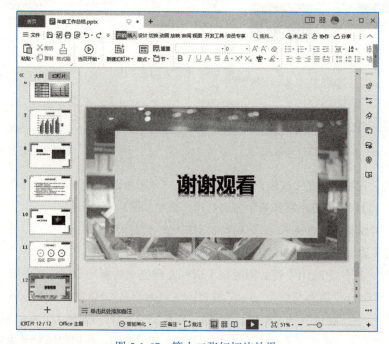

图 5-1-67　第十二张幻灯片效果

至此，完成任务一的全部操作。

项目五 WPS 演示 175

任务二 设置年度工作总结演示文稿的动画和交互效果

任务引入

动画效果是演示文稿中非常独特的一种元素，动画效果直接关系着演示文稿的放映效果。在演示文稿的制作过程中，可以为幻灯片中的文本、图片等对象设置动画效果，还可以设置幻灯片之间的切换动画效果等，使幻灯片在放映时更加生动。本节将通过设置年度工作总结演示文稿的动画和交互效果进行幻灯片动画效果的讲解，本任务的参考效果如图5-2-1所示。

 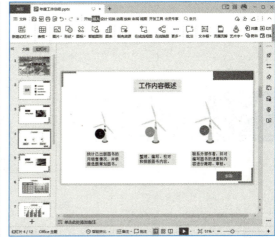
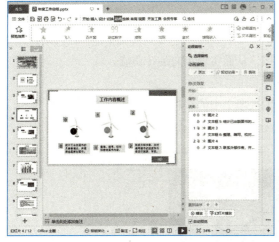 

图 5-2-1 参考效果图

任务要求

1. 打开"年度工作总结.pptx"演示文稿，在该文档中完成超链接的制作。

2. 在幻灯片中插入按钮。
3. 为幻灯片对象制作动画效果。
4. 为幻灯片制作切换动画效果。

任务分析

设置年度工作总结演示文稿的动画和交互效果，包括制作超链接、添加按钮、为幻灯片中的文本或对象添加动画效果、为幻灯片添加切换动画、添加动作按钮等。本任务制作中运用了WPS Office演示文稿进行演示文稿的基本操作，如演示文稿的动画、幻灯片的切换等操作，本任务思维导图如图5-2-2所示。

图 5-2-2　任务二思维导图

相关知识

1. 插入超链接

超链接可以将幻灯片中的内容与其他内容相链接，从而实现定向跳转功能。

1）添加超链接

选中需要添加超链接的对象，然后单击"插入"选项卡中的"超链接"按钮，如图5-2-3所示。

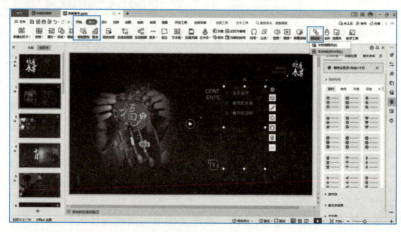

图 5-2-3　添加超链接

弹出"插入超链接"对话框，用户可根据需要添加超链接的类型，如音频文件、视频文件、文档、网页、本文档中的位置、电子邮件地址或附件，如图5-2-4所示。另外，用户也可以选中对象后右击，在弹出的快捷菜单中选择"超链接"命令添加超链接。

2）编辑与取消超链接

编辑超链接是指对超链接的内容进行修改，操作方法如下：右击超链接对象，在弹出的快捷菜单中选择"超链接"→"编辑超链接"命令。

当不需要超链接时，用户可以将其清除，右击超链接对象，在弹出的快捷菜单中选择"超链接"→"取消超链接"命令即可。

图 5-2-4 "插入超链接"对话框

2. 添加动画效果

在WPS演示中，幻灯片动画有两种类型，即幻灯片切换动画和幻灯片对象动画，动画效果在幻灯片放映时才能生效并看到。

幻灯片切换动画是指放映幻灯片时幻灯片进入、离开屏幕时的动画效果；幻灯片对象动画是指为幻灯片中添加的各对象设置动画效果，多种不同的对象动画组合在一起可形成复杂而自然的动画效果。WPS演示中的幻灯片切换动画种类较简单，而对象动画相对较复杂，对象动画的类别主要有以下四种。

① 进入动画：进入动画指对象从幻灯片显示范围之外进入幻灯片内部的动画效果，如对象从左上角飞入幻灯片中指定的位置、对象在指定位置以翻转效果由远及近地显示出来等。

② 强调动画：强调动画指对象本身已显示在幻灯片中，然后以指定的动画效果突出显示，从而起到强调作用，如将已存在的图片放大显示或旋转等。

③ 退出动画：退出动画指对象本身已显示在幻灯片中，然后以指定的动画效果离开幻灯片，如对象从显示位置左侧飞出幻灯片、对象从显示位置以弹跳方式离开幻灯片等。

④ 路径动画：路径动画是指对象按用户自己绘制的或系统预设的路径移动的动画，如对象按圆形路径移动等。

1）添加单一动画

为对象添加单一动画效果是指为某个对象或多个对象快速添加进入、退出、强调或路径动画。

在幻灯片编辑区中选择要设置动画的对象，然后单击"动画"选项卡中的"动画"下拉按钮，展开下拉菜单，选择某一类型动画下的动画选项即可，如图5-2-5所示。为幻灯片添加动画效果后，系统将自动在幻灯片编辑窗口中对设置了动画效果的对象进行预览放映，且该对象旁边会出现数字标识，数字顺序代表播放动画的顺序，如图5-2-6所示。单击"动画"选项卡中的"动画窗格"按钮，可以显示出本页幻灯片中添加的所有对象动画效果。在动画窗格中，可以设置动画的方向、开始时间、播放速度、播放声音等，如图5-2-7所示。

图 5-2-5　动画选项卡

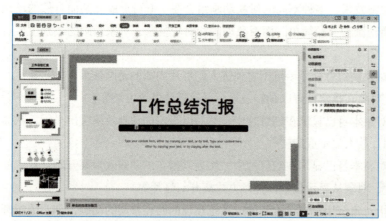

图 5-2-6　添加动画完成

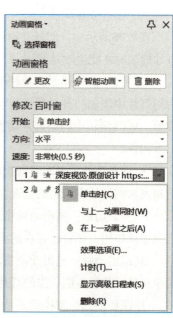

图 5-2-7　动画窗格

2）添加组合动画

组合动画是指为同一个对象同时添加进入、强调、退出和路径动画类型中的任意动画组合，如同时添加进入和退出动画。

选择需要添加组合动画效果的幻灯片对象，然后单击"动画"选项卡中的"动画窗格"按钮☆，打开"动画窗格"任务窗格，单击"添加效果"按钮，如图5-2-8所示。在打开的下拉列表中选择某一类型的动画后，再次单击"添加效果"按钮，继续选择其他类型的动画效果即可。

3. 添加幻灯片切换效果动画

幻灯片切换动画是指在幻灯片放映过程中从一张幻灯片切换到下一张幻灯片时出现的动画。下面将介绍幻灯片切换动画效果的设置方法。

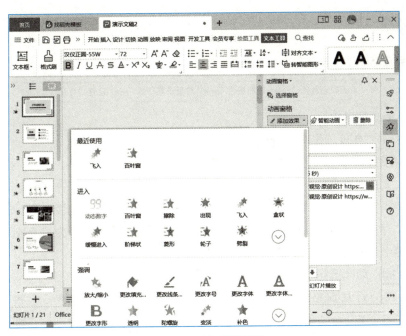

图 5-2-8　添加播放效果

选中需要添加切换动画的幻灯片，选择"切换"选项卡，选择所需的切换效果即可，如图5-2-9所示。

切换效果添加完成后，单击快速访问工具栏中的"幻灯片切换"按钮，打开"幻灯片切换"任务窗格，在其中对切换动画的参数进行设置，完成后单击"播放"按钮可以预览切换动画，如图5-2-10所示。

图 5-2-9　添加切换效果　　　　　图 5-2-10　设置并播放切换效果

任务实施

本任务的实施整体过程如下:

编辑超链接 → 添加按钮 → 对象设置动画 → 设置幻灯片切换动画

● 视 频
编辑超链接

1. 编辑超链接

① 打开"年度工作总结.pptx"文件。

② 在幻灯片窗格中选择第二张幻灯片,选中"工作内容概述",单击"插入"→"超链接"→"文件或网页"→"本文档中的位置"→"第三张幻灯片"→"确定"按钮,即可为这几个字添加超链接。利用同样的方法为"工作完成情况"添加链接到第五张幻灯片的超链接、为"存在的问题及改进"添加链接到第八张幻灯片的超链接、为"未来工作规划"添加链接到第十张幻灯片的超链接,效果如图5-2-11所示。

● 视 频
插入动作按钮

2. 插入动作按钮

① 在幻灯片窗格中选择第四张幻灯片,单击"插入"→"形状"→"动作按钮"→"自定义"→"超链接到"→"幻灯片..."→"第2张幻灯片"→"确定"按钮。选中按钮并右击,在弹出的快捷菜单中选择"编辑文字"命令,输入"返回"。将按钮的填充改为"白色,背景1,深色35%",轮廓改为无边框元素。效果如图5-2-12所示。

图 5-2-11 添加按钮后　　　　　　　　　图 5-2-12 添加超链接后

② 用步骤①同样的方法为第七、九、十一张幻灯片添加返回按钮。

● 视 频
添加对象动画效果

3. 添加对象动画效果

① 在幻灯片窗格中选择第四张幻灯片,在幻灯片编辑区选中第一张图片,单击"动画"→"进入"→"百叶窗",单击任务窗格中的"动画窗格"按钮,打开动画窗口,将速度设置为"快速(1秒)",将开始设置为"在上一动画之后",效果如图5-2-13所示。单击"动画"→"动画刷"按钮,再依次单击第二、三张图片,为第二张和第三张图片设置相同的动画。

② 为第四张幻灯片的文本框设置"飞入"动画,并在动画窗格中调整动画顺序,效果如图5-2-14所示。

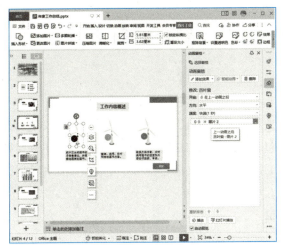

图 5-2-13　添加对象动画效果 1　　　　图 5-2-14　添加动画效果 2

③ 为第九张幻灯片中的文本框添加"进入"→"随机线条"效果,再次单击动画窗格中的"添加效果"→"强调"→"更改字体"按钮,设置字体为"华文新魏",效果如图5-2-15所示。

④ 请自行为其他幻灯片中的对象添加合适的动画效果。

4. 添加幻灯片切换动画效果

① 在幻灯片窗格中选择第一张幻灯片,单击"切换"→"开门",为第一张幻灯片添加切换效果。单击任务窗格中的"幻灯片切换"按钮,将速度设置为1.00,声音设置为"风铃",效果如图5-2-16所示。

视频
添加幻灯片切换动画效果

图 5-2-15　添加组合动画　　　　图 5-2-16　添加切换动画效果

② 为第二、四、六、七、九、十一张幻灯片添加"推出"效果。

③ 为其余幻灯片添加"立方体"效果，效果选项设置为"左侧进入"。

至此，完成任务二的全部操作。

任务三　放映和输出年度工作总结演示文稿

任务引入

使用WPS制作演示文稿的最终目的是将幻灯片效果展示给观众，即放映幻灯片。演示文稿的设计、动画与交互效果都制作完成后，还需要将其打包，并输出为PDF格式，然后使用打印机进行打印，为演讲做好准备。本节将通过放映和输出年度工作总结演示文稿进行幻灯片放映设置和输出设置的讲解，本任务的参考效果如图5-3-1所示。

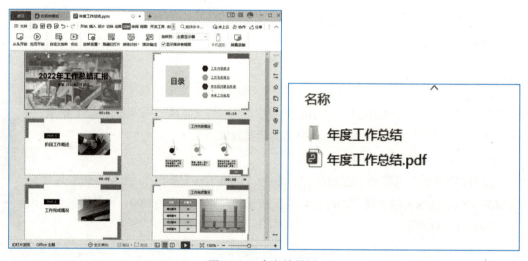

图 5-3-1　参考效果图

任务要求

1. 打开"年度工作总结.pptx"演示文稿，进行排练预演。
2. 将"年度工作总结.pptx"演示文稿输出为PDF。
3. 将"年度工作总结.pptx"演示文稿打包，存储至U盘。

任务分析

放映和输出年度工作总结演示文稿包括为幻灯片设置恰当的放映方式、放映幻灯片、输出演示文稿等。本任务制作中运用了WPS Office演示文稿进行演示文稿的放映和输出设置操作。本任务的思维导图如图5-3-2所示。

项目五　WPS 演示　　183

图 5-3-2　任务三思维导图

1. 放映设置

在 WPS 演示中，放映幻灯片时可以设置不同的放映方式，如演讲者控制放映、展台自动循环放映，还可以隐藏不需要放映的幻灯片和录制旁白等，从而满足不同场合的放映需求。

1）幻灯片放映类型

WPS 演示提供了两种放映类型，其作用和特点如下：

① 演讲者控制放映（全屏幕）：演讲者控制放映（全屏幕）是默认的放映类型，此类型将以全屏幕的状态放映演示文稿。在演示文稿放映过程中，演讲者具有完全的控制权，演讲者可手动切换幻灯片和动画效果，也可以将演示文稿暂停以添加细节等，还可以在放映过程中录制旁白。

② 展台自动循环放映（全屏幕）：此类型是最简单的一种放映类型，不需要人为控制，系统将自动全屏循环放映演示文稿。使用这种方式进行放映时，不能通过单击鼠标切换幻灯片，但可以通过单击幻灯片中的超链接和动作按钮进行切换，按【Esc】键可结束放映。

2）设置幻灯片放映方式

幻灯片放映方式的设置方法：单击"放映"选项卡中的"设置放映方式"按钮，弹出"设置放映方式"对话框，在"放映类型"列表框中选中不同的单选按钮，选择相应的放映类型，设置完成后单击"确定"按钮即可。"设置放映方式"对话框中各设置的功能介绍如下：

① 设置放映类型：在"放映类型"列表框中选中相应的单选按钮，即可为幻灯片设置相应的放映类型。

② 设置放映选项：在"放映选项"列表框中选中"循环放映，按【Esc】键终止"复选框可设置循环放映，该列表框中还可设置绘图笔的颜色，在"绘图笔颜色"下拉列表中可以选择一种颜色，在放映幻灯片时，可使用该颜色的绘图笔在幻灯片上写字或做标记。

③ 设置放映幻灯片的数量：在"放映幻灯片"列表框中可设置需要放映的幻灯片数量，可以选择放映演示文稿中所有幻灯片，或手动输入放映开始和结束的幻灯片页数。

④ 设置换片方式：在"换片方式"列表框中可设置幻灯片的切换方式，选中"手动"单选按钮，表示在演示过程中将手动切换幻灯片及演示动画效果；选中"如果存在排练时间，则使用它"单选按钮，表示演示文稿将按照幻灯片的排练时间自动切换幻灯片和动画，但是如果没有已保存的排练计时，即便选中该单选按钮，放映时还是以手动方式进行控制。

3）自定义幻灯片放映

自定义幻灯片放映是指有选择性地放映部分幻灯片，可以将需要放映的幻灯片另存为一个名称再进行放映。这类放映主要适用于内容较多的演示文稿。自定义幻灯片放映的具体操作方法：单击"放映"选项卡中的"自定义放映"按钮，弹出"自定义放映"对话框，单击"新建"按钮，如图5-3-3所示，新建一个放映项目。弹出"定义自定义放映"对话框，在"在演示文稿中的幻灯片"列表框中同时选中需要放映的幻灯片，单击"添加"按钮，将选中的幻灯片添加到"在自定义放映中的幻灯片"列表框中。在"在自定义放映中的幻灯片"列表框中通过"上移"按钮和"下移"按钮调整幻灯片的显示顺序，调整后的效果如图5-3-4所示。单击"确定"按钮，返回"自定义放映"对话框，在"自定义放映"列表框中已显示出新创建的自定义演示名称，单击"关闭"按钮完成设置。

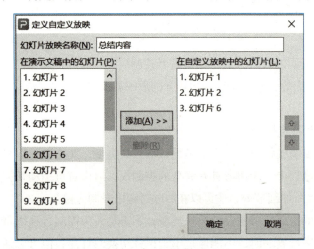

图 5-3-3 "定义自定义放映"对话框　　　　图 5-3-4 "自定义放映"对话框

4）设置排练计时

对于某些需要自动放映的演示文稿，用户在设置动画效果后，可以设置排练计时，在放映时可根据排练的时间和顺序放映。设置排练计时的具体操作方法：单击"放映"选项卡中的"排练计时"按钮，进入放映排练状态，同时打开"预演"工具栏自动为该幻灯片计时，如图5-3-5所示。单击或按【Enter】键控制幻灯片中下一个动画出现的时间，如果用户已确定该幻灯片的播放时间，可直接在"预演"工具栏的时间框中输入时间值。一张幻灯片播放完成后，单击切换到下一张幻灯片，"预演"工具栏将从头开始为该幻灯片的放映计时。放映结束后，打开提示对话框，提示排练计时时间，并询问是否保留新的幻灯片排练时间，单击"是"按钮保存，如图5-3-6所示。打开"幻灯片浏览"视图，每张幻灯片的右下角将显示幻灯片的播放时间，图5-3-7所示为某幻灯片在"幻灯片浏览"视图中显示的播放时间。

图 5-3-5 "预演"工具栏

图 5-3-6 提示对话框

图 5-3-7 显示播放时间

2. 放映演示文稿

对演示文稿进行放映设置后,即可开始放映演示文稿,在放映过程中演讲者可以进行标记和定位等控制操作。

幻灯片的放映操作包括开始放映和切换放映,下面分别进行介绍。

1)开始放映

开始放映演示文稿的方法有以下三种。

① 单击"放映"选项卡中的"从头开始"按钮 或按【F5】键,将从第1张幻灯片开始放映。

② 单击"放映"选项卡中的"当页开始"按钮 或按【Shift+F5】组合键将从当前选择的幻灯片开始放映。

③ 单击状态栏中的"幻灯片放映"按钮 ,将从当前幻灯片开始放映。

在放映需要讲解和介绍的演示文稿时,如课件类、会议类演示文稿,经常需要切换到上一张或下一张幻灯片,此时就需要使用幻灯片放映的切换功能。

① 切换到上一张幻灯片:按【Page Up】键、按【←】键或按【BackSpace】键。

② 切换到下一张幻灯片:单击、按空格键、按【Enter】键或按【→】键。

2)切换放映

在幻灯片的放映过程中有时需要对某一张幻灯片进行更多的说明和讲解,此时可以暂停该幻灯片的放映,在需暂停的幻灯片中右击即可暂停幻灯片的播放,再次右击可以继续播放幻灯片。此外,在右键快捷菜单中还可以选择"墨迹画笔"命令,在其子菜单中选择"圆珠笔"或"荧光笔"命令,对幻灯片中的重要内容做标记,如图5-3-8所示。需要注意,在放映演示文稿时,无论当前放映的是哪一张幻灯片,都可以通过幻灯片的快定位功能快速定位到指定的幻灯片进行放映。操作方法:右击放映的幻灯片,在弹出的快捷菜单中选择"定位"命令,在弹出的子菜单中选择要切换到的目标幻灯片即可,如图5-3-9所示。

图 5-3-8 墨迹画笔

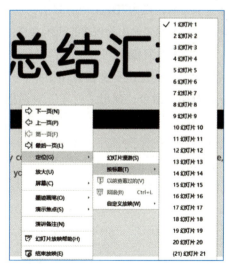

图 5-3-9 放映定位

3. 输出演示文稿

WPS演示中输出演示文稿的相关操作主要包括打包和转换，让制作出来的演示文稿不仅能直接在计算机中展示，还可以在不同的位置或环境中使用、浏览。

1）打包演示文稿

将演示文稿打包后，复制到其他计算机中，即使该计算机中没有安装WPS Office，也可以播放该演示文稿。打包演示文稿的方法：选择"文件"→"文件打包"→"将演示文档打包成文件夹"命令（见图5-3-10），弹出"演示文件打包"对话框，在"文件夹名称"文本框中输入文件的名称，在"位置"文本框中选择打包后文件夹的保存位置，单击"确定"按钮，打开提示对话框，提示文件打包已完成，单击"关闭"按钮，如图5-3-11所示，完成打包操作。

图 5-3-10　打包演示文稿

图 5-3-11　打包完成

2）将演示文稿转换为PDF文档

如果要在没有安装WPS Office的计算机中放映演示文稿，可先将其转换为PDF文件，再进行播放。将演示文稿转换为PDF文档的方法：选择"文件"→"输出为PDF"命令，弹出"输出为PDF"对话框，在其中设置输出为PDF的演示文稿的文件、范围等，如图5-3-12所示。

4. 打印演示文稿

演讲者一般要把演示文稿打印出来，用来辅助自己的演讲。打印演示文稿的方法：选择"文件"→"打印"命令，弹出"打印"对话框，在其中设置演示文稿的打印份数和打印范围等，如图5-3-13所示。

图 5-3-12　输出为 PDF 文档

图 5-3-13　打印演示文稿

任务实施

本任务的实施整体过程如下:

1. 演示文稿排练预演

打开素材文件夹中的年度工作总结.pptx,单击"放映"选项卡中的"排练计时"按钮,进行排练预演,预演结束后自动打开幻灯片浏览视图,可以看到每张幻灯片的放映时间,如图5-3-14所示,根据汇报时长适当调整语速及内容等。

2. 演示文稿输出为PDF

选择"文件"→"输出为PDF"命令,在弹出的对话框中将保存位置设置为D盘,即可得到年度工作总结.pdf,以方便打印与传输。

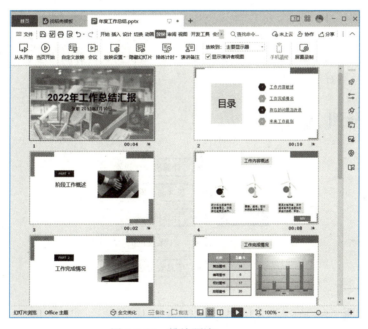

图 5-3-14 排练预演

3. 演示文稿打包

选择"文件"→"文件打包"→"将演示文稿打包成文件夹"命令,在弹出的对话框中将保存位置设置为D盘,然后将输出的文件夹复制到U盘,演讲时复制到会场放映使用的计算机上即可。

至此,完成本任务的全部操作。

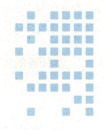

项目六
信 息 安 全

在互联网高速运行的当下,计算机安全、手机信息安全、设备安全等信息安全问题引起人们的关注。本项目将对黑客与计算机病毒、计算机杀毒软件的使用、计算机安全设置、系统维护和信息安全法律法规等进行全面介绍。

本章知识导图

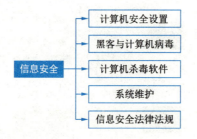

学习目标

· 了解:

　　计算机安全的含义;

　　黑客的含义;

　　计算机常见病毒及查杀方法;

　　系统维护的规范;

　　信息安全法律法规。

· 理解:

　　不同杀毒软件的处理方式;

　　计算机硬件与软件的维护;

　　软件知识产权的处理。

项目六 信息安全

- 应用:
    计算机常用的杀毒软件;
    软件与硬件的维护。
- 分析:
    通过学习信息安全相关知识,学会对计算机安全的保护,并能够对计算机进行安全保护。
- 养成:
    养成计算机系统安全处理的能力。

任务一 计算机安全设置

任务引入

信息技术的飞速发展给人们的生活带来了全新的体验,但是与此同时,相关的安全性问题也正在逐渐突显出来。作为新时代的大学生我们要与时俱进,要了解影响计算机系统安全性的主要问题,并提出具体的防护策略,以便更好地维护计算机系统的安全性。本任务以给计算机系统设置密码为例,来演示如何保护计算机系统的数据安全。

任务要求

1. 掌握计算机安全概述。
2. 了解安全性主要问题。
3. 掌握常用防护策略。

任务分析

本任务主要介绍计算机系统的安全性相关知识,须掌握具体的防护策略,切实维护计算机系统的安全。本任务实现的思维导图如图6-1-1所示。

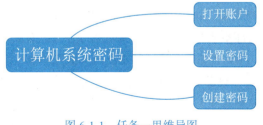

图 6-1-1 任务一思维导图

相关知识

1. 计算机安全的定义

为数据处理系统建立和采用的技术和管理的安全保护,保护计算机硬件、软件和数据不因偶然和恶意的原因遭到破坏、更改和泄露。

2. 计算机存储数据的安全

计算机安全中最重要的是存储数据的安全，其面临的主要威胁包括：计算机病毒、非法访问、计算机电磁辐射、硬件损坏等。

计算机病毒是附在计算机软件中的隐蔽的小程序，它和计算机其他工作程序一样，但会破坏正常的程序和数据文件。恶性病毒可使整个计算机软件系统崩溃，数据全毁。要防止病毒侵袭主要是加强管理，不访问不安全的数据，使用杀毒软件并及时升级更新。

非法访问是指盗窃者盗用或伪造合法身份，进入计算机系统，私自提取计算机中的数据或进行修改转移、复制等。防止办法：一是增设软件系统安全机制，使盗窃者不能以合法身份进入系统，如增加合法用户的标志识别，增加口令，给用户规定不同的权限，使其不能自由访问不该访问的数据区等；二是对数据进行加密处理，即使盗窃者进入系统，没有密钥，也无法读懂数据；三是在计算机内设置操作日志，对重要数据的读、写、修改进行自动记录。

由于计算机硬件本身就是向空间辐射的强大的脉冲源，盗窃者可以接收计算机辐射出来的电磁波，进行复原，获取计算机中的数据。为此，计算机制造厂家增加了防辐射措施，从芯片、电磁器件到线路板、电源、转盘、硬盘、显示器及连接线，都全面屏蔽起来，以防电磁波辐射。更进一步，可将机房或整个办公大楼都屏蔽起来，如没有条件建屏蔽机房，可以使用干扰器，发出干扰信号，使接收者无法正常接收有用信号。

计算机存储器硬件损坏，使计算机存储数据读不出来也是常见事故。防止办法：一是将有用数据定期复制出来保存，一旦机器发生故障，可在修复后把有用数据复制回去；二是在计算机中使用RAID技术，同时将数据保存在多个硬盘上，在安全性要求高的特殊场合可以使用双主机，一台主机出现故障，另外一台主机照样运行。

3. 计算机硬件安全

计算机在使用过程中，对外部环境有一定的要求，即计算机周围的环境应尽量保持清洁、温度和湿度应该合适、电压稳定，以保证计算机硬件可靠运行。计算机安全的另外一项技术就是加固技术，经过加固技术生产的计算机防震、防水、防化学腐蚀，可以使计算机在野外全天候运行。

从系统安全的角度来看，计算机的芯片和硬件设备也会对系统安全构成威胁。例如，计算机CPU内部集成有运行系统的指令集，这些指令代码都是保密的，我们并不知道它的安全性如何。据有关资料显示，计算机CPU可能集成有陷阱指令、病毒指令，并设有激活办法和无线接收指令机构。他们可以利用无线代码激活CPU内部指令，造成计算机内部信息外泄、计算机系统灾难性崩溃。

硬件泄密甚至涉及了电源。电源泄密的原理是通过市电电线，把计算机产生的电磁信号沿电线传出去，利用特殊设备可以从电源线上把信号截取下来还原。

计算机中的每一个部件都是可控的，所以称为可编程控制芯片，如果掌握了控制芯片的程序，就控制了计算机芯片。只要能控制，那么它就是不安全的。因此，我们在使用计算机时首先要注意做好计算机硬件的安全防护，把我们所能做到的全部做好。

4. 常用防护策略

1）安装杀毒软件

对于一般用户而言，首先要做的就是为计算机安装一套杀毒软件，并定期升级所安装的杀毒软件，打开杀毒软件的实时监控程序。

2）安装个人防火墙

安装个人防火墙（fire wall）以抵御黑客的袭击，最大限度地阻止网络中的黑客访问自己的计算机，防止他们更改、复制、毁坏自己的重要信息。防火墙在安装后要根据需求进行详细配置。

3）分类设置密码并使密码设置尽可能复杂

在不同的场合使用不同的密码，如网上银行、E-mail、聊天室以及一些网站的会员等。应尽可能使用不同的密码，以免因一个密码泄露导致所有资料外泄。对于重要的密码（如网上银行的密码）一定要单独设置，并且不要与其他密码相同。

设置密码时要尽量避免使用有意义的英文单词、姓名缩写以及生日、电话号码等容易泄露的字符作为密码，最好采用字符、数字和特殊符号混合的密码。建议定期修改自己的密码，这样可以确保即使原密码泄露，也能将损失减小到最少。

4）不下载不明软件及程序

应选择信誉较好的下载网站下载软件，将下载的软件及程序集中放在非引导分区的某个目录，在使用前最好用杀毒软件查杀病毒。

不要打开来历不明的电子邮件及其附件，以免遭受病毒邮件的侵害，这些病毒邮件通常都会以带有噱头的标题吸引用户打开其附件，如果下载或运行了其附件，就会受到感染。同样也不要接收和打开来历不明的QQ、微信等发过来的文件。

5）防范流氓软件

对将要在计算机上安装的共享软件进行甄别选择，在安装共享软件时，应该仔细阅读各个步骤出现的协议条款，特别留意那些有关安装其他软件行为的语句。

6）仅在必要时共享

一般情况下不要设置文件夹共享，如果共享文件则应该设置密码，一旦不需要共享时立即关闭。共享时访问类型一般应该设为只读，不要将整个分区设定为共享。

7）定期备份

数据备份的重要性毋庸讳言，如果遭到致命的攻击，操作系统和应用软件可以重装，而重要的数据就只能靠自己日常的备份了。所以，无论你采取了多么严密的防范措施，也不要忘了随时备份自己的重要数据，做到有备无患。

任务实施

本任务的实施整体过程如下：

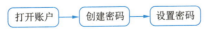

1. 打开账户

① 打开计算机，单击"开始"按钮，在"开始"菜单中选择"设置"命令，如图6-1-2所示。

② 单击"设置"按钮后，进入Windows 10系统的设置界面，找到"账户"图标，如图6-1-3所示。

视频

打开账户

图 6-1-2　系统设置图标

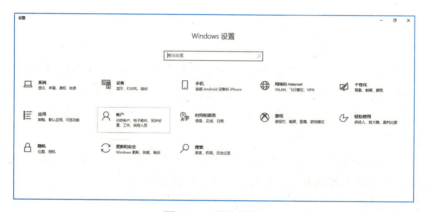

图 6-1-3　账户图标

2. 创建密码

① 双击"账户"图标，在弹出的界面中找到"登录选项"，如图6-1-4所示。单击后进入"登录选项"设置页面，设置密码选项，如图6-1-5所示。

视　频

创建密码

图 6-1-4　设置账户密码

项目六 信息安全 193

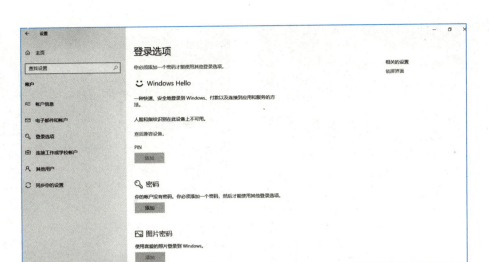

图 6-1-5 密码选项

② 如果用户想要设置简单的纯数字、纯字母或字母与数字组合的密码，直接单击带有钥匙标识的密码选项即可。单击相应的"添加"按钮，弹出"创建密码"界面，如图6-1-6所示。

图 6-1-6 "创建密码"界面

3. 设置密码

① 在"创建密码"界面中输入两次密码，然后根据喜好设置密码提示问题，单击"下一步"按钮，如图6-1-7所示。

② 计算机会自动进入选择账户界面，一般的计算机系统默认只有一个账户，不需要用户选择，如图6-1-8所示。

视频
设置密码

图 6-1-7　设置密码　　　　　　　　　　　　图 6-1-8　完成密码设置

③ 单击"完成"按钮，计算机开机密码设置成功。

任务二　黑客与计算机病毒

任务引入

作为新一代大学生，应该了解和掌握计算机的信息安全，注重信息安全的法律法规，注重网络上信息传播安全，注意用户的利益和隐私。同时，倡导同学们崇尚网络信息安全，遵守网络上信息传播的法律法规，合法、合理地使用网络资源，维护正常的网络运行秩序，促进网络的健康发展。本任务学习黑客与计算机病毒的有关知识。

任务要求

1. 了解黑客的概念和特征。
2. 了解黑客的分类。
3. 认识黑客的危害。
4. 了解计算机病毒的概念和特征。
5. 了解计算机病毒的分类。
6. 掌握计算机病毒的常见防范方法。

任务分析

本任务主要介绍黑客和计算机病毒，了解计算机黑客和黑客的危害，掌握防范手段，切实维护计算机系统的安全。本任务实现的思维导图如图6-2-1所示。

图 6-2-1　任务二思维导图

1. 认识黑客

在互联网上，对黑客的介绍通常是指对计算机科学、编程和设计方面具高度理解的人。而在信息安全里，"黑客"指研究智取计算机安全系统的人员。利用公共通信网络，如互联网和电话系统，在未经许可的情况下，载入对方系统的称为黑帽黑客（black hat，或cracker）；调试和分析计算机安全系统的称为白帽黑客（white hat）。"黑客"一词最早用来称呼研究盗用电话系统的人士，泛指擅长IT技术的计算机高手。

2. 黑客的种类

① 白帽黑客：白帽黑客是指通过实施渗透测试，识别网络安全漏洞，为政府及组织工作并获得授权或认证的黑客。

② 黑帽黑客：通常称为黑客，黑帽黑客可以获得未经授权的系统和破坏重要数据，这种行为被认为是罪犯。

③ 红帽黑客：严格来说，红帽黑客仍然属于白帽和灰帽范畴，但是又与这两者有一些显著的差别：红客通常会利用自己掌握的技术去维护国内网络的安全，并对外来的进攻进行还击。

④ 灰帽黑客：是指那些懂得技术防御原理，并且有实力突破这些防御的黑客，他们往往将黑客行为作为一种业余爱好或者是义务来做，通过他们的黑客行为来警告一些网络或者系统漏洞，以达到警示别人的目的。

⑤ 骇客：骇客是黑客的一种，虽然同属黑客范畴，但是他们的所作所为已经严重危害到网络和计算机安全，他们的每一次攻击都会造成大范围的影响以及经济损失，因此，被称为"骇客"。

3. 黑客的危害及防范

① 窃取和篡改用户的个人信息，黑客造成的最大危害就在于他们可以窃取和篡改用户的个人信息，这些个人信息包括用户的账号密码、银行卡号、电话号码等。黑客获取了用户的个人信息后就可以进行诈骗、盗窃等非法行为，给用户带来巨大的财产损失。

② 网络攻击，黑客还能发起大规模的网络攻击，比如DoS攻击，该攻击方式可以让目标网站的服务器瘫痪，使得用户无法正常访问网站。这种攻击方式不仅会给企业带来巨大的业务损失，同时也会给用户带来不便。

③ 非法入侵，黑客可以入侵重要机构和机密系统，如军事系统、金融系统等。这些系统一旦被黑客入侵，会给国家和用户都带来极大的危害，比如泄露国家机密、盗窃银行资金等。

④ 传播病毒、木马等恶意软件。这些病毒和木马可以破坏用户的计算机系统、破坏用户的数据等。这些恶意软件对互联网安全造成了很大的威胁。

现代信息技术发展十分迅速，对于黑客攻击的防范也是与时俱进的。可以通过更新计算机的软硬件、更新病毒库、升级防火墙等手段达到防范黑客恶意病毒攻击的目的。我们要提高警惕，提高防范意识，对自己的隐私等进行严格的加密处理，认真学习网络安全知识，预防黑客入侵。

4. 计算机病毒的概念和特征

计算机病毒是计算机技术和网络技术发展到一定阶段的必然产物，计算机病毒是指破坏计算机功能或数据的一种计算机程序，它能通过网络以及U盘等移动存储设备传入计算机系统，不断自我复制并传染给其他文件。这种复制能力与生物病毒相似，所以称为计算机病毒。计算机病毒具有传染性、隐蔽性、感染性、潜伏性、可激发性、表现性或破坏性。

计算机病毒的主要危害如下：
① 直接破坏计算机中的数据。
② 非法占用磁盘空间。
③ 抢占计算机系统资源。
④ 影响计算机运行速度。

计算机病毒的传播方式：
① 病毒可以通过U盘等移动信息存储设备进行传播。
② 病毒可以通过计算机硬件进行传播。
③ 病毒可以通过互联网进行传播。
④ 病毒可以通过QQ、MSN等即时通信软件和点对点通信系统和无线通道传播。

5. 计算机病毒的分类

① 按照病毒存在的媒体分类：根据病毒存在的媒体，可以划分为网络病毒、文件病毒、引导型病毒和混合型病毒。网络病毒通过计算机网络传播感染网络中的可执行文件，文件病毒感染计算机中的文件（如COM、EXE、DOC等），引导型病毒感染启动扇区（boot）和硬盘的系统引导扇区（MBR），还有混合型，如多型病毒（文件和引导型）感染文件和引导扇区两种目标。

② 按照病毒传染的方法分类：可分为驻留型病毒和非驻留型病毒。驻留型病毒感染计算机后，把自身的内存驻留部分放在内存（RAM）中，这一部分程序挂接系统调用并合并到操作系统中去，处于激活状态，一直到关机或重新启动；非驻留型病毒在得到机会激活时并不感染计算机内存，一些病毒在内存中留有小部分，但是并不通过这一部分进行传染，这类病毒也被划分为非驻留型病毒。

③ 按照病毒的破坏能力分类：可分为无害型病毒、无危险型病毒、危险型病毒、非常危险性病毒。无害型病毒除了传染时减少磁盘的可用空间外，对系统没有其他影响。无危险型病毒仅仅是减少内存、显示图像、发出声音等。危险型病毒在计算机系统操作中造成严重的错误。非常危险型病毒删除程序、破坏数据、清除系统内存区和操作系统中重要的信息。

④ 按照病毒的特有算法分类：可分为伴随型病毒、"蠕虫"型病毒、寄生型病毒。伴随型病毒并不改变文件本身，它们根据算法产生EXE文件的伴随体，具有同样的名字和不同的扩展名（COM）。"蠕虫"型病毒通过计算机网络传播，不改变文件和资料信息，利用网络从一台机器的内

存传播到其他机器的内存，计算网络地址，将自身的病毒通过网络发送。有时它们存在于系统中，一般除了内存不占用其他资源。除了伴随和"蠕虫"型，其他病毒均可称为寄生型病毒，它们依附在系统的引导扇区或文件中，通过系统的功能进行传播。

⑤ 按照病毒的连接方式分类：源码型病毒、嵌入型病毒、操作系统型病毒、外壳型病毒。源码型病毒能攻击用高级语言编写的程序，并在高级语言所编写的程序编译前插入到原程序中，经编译成为合法程序的一部分。嵌入型病毒是将自身嵌入到现有程序中，把病毒的主体程序与其攻击的对象以插入的方式链接。这种计算机病毒是难以编写的，一旦侵入程序后较难消除。操作系统型病毒用它自己的程序意图加入或取代部分操作系统进行工作，具有很强的破坏力，可以导致整个系统瘫痪。外壳型计算机病毒将其自身包围在主程序的四周，对原来的程序不做修改。

6. 计算机病毒的防范

随着网络技术的发展，计算机病毒也开始了大规模传播，加强计算机系统和信息安全的防范至关重要，可以从以下几个方面进行计算机病毒的防范：

① 做好预防措施，定期扫描系统。安装杀毒软件，定期查杀，及时更新系统软件，全面监控系统。

② 不随意点击或下载未知链接和软件。

③ 对插入计算机的U盘、移动硬盘、光盘等其他可插拔介质，要先进行病毒扫描，确保无感染病毒后再打开。

④ 下载软件安装程序则应该选择官方网站，不可随意在网页中下载。

⑤ 计算机的各项密码关系到使用者的个人隐私以及财产安全问题，密码是一项重要的安全保护方式，提高安全防护意识，使用复杂密码。

任务三　计算机杀毒软件的使用

任务引入

随着网络的快速发展，计算机遭到病毒侵害的概率也日益增加，给计算机安装杀毒软件是最基本的防护措施，在使用计算机的过程中，如何防范计算机病毒，保证计算机和数据的安全，最基础的是给计算机安装杀毒软件，进行定期查杀和扫描。通过本任务学习计算机杀毒软件的知识以及如何安装和使用杀毒软件。

任务要求

1. 了解计算机杀毒软件。
2. 了解国内常用的杀毒软件。
3. 掌握安装和使用杀毒软件的方法。

任务分析

本任务主要介绍计算机杀毒软件的相关知识,学习如何安装和使用杀毒软件,在实际生活和工作中,做到切实保护好计算机的安全。本任务的思维导图如图6-3-1所示。

图 6-3-1　任务三思维导图

1. 计算机杀毒软件概述

杀毒软件又称反病毒软件或防毒软件,是用于消除计算机病毒、特洛伊木马和恶意软件等计算机威胁的一类软件。杀毒软件是一种可以对病毒、木马等一切已知的对计算机有危害的程序代码进行清除的程序工具。"杀毒软件"是由国内的老一辈反病毒软件厂商起的名字,后来由于和世界反病毒业接轨统称为"反病毒软件""安全防护软件""安全软件"。集成防火墙的"互联网安全套装""全功能安全套装"等用于消除计算机病毒、特洛伊木马和恶意软件的一类软件,都属于杀毒软件范畴。

杀毒软件的工作原理,杀毒软件的任务是实时监控和扫描磁盘。杀毒软件通过在系统中添加驱动程序的方式,进驻系统,并随操作系统启动。大部分杀毒软件具有防火墙功能,杀毒软件实时监控方式因软件而异。有的杀毒软件是通过在内存中划分一部分空间,将计算机中流过内存的数据与杀毒软件自身所带的病毒库的特征码相比较,以判断是否为病毒。部分杀毒软件在所划分到的内存空间中虚拟执行系统或用户提交的程序,根据其行为或结果作出是否为病毒的判断。

杀毒软件的主要功能如下:

① 预防计算机病毒的入侵。

② 查杀计算机病毒。

③ 增强自我保护功能。

④ 清理计算机垃圾和冗余注册表。

2. 常用国产杀毒软件介绍

- 360杀毒软件,360杀毒是受到广大用户欢迎的杀毒软件。360杀毒软件免费提供给用户使用,不仅操作简单,安装后单击全盘扫描即可开始查杀病毒,而且功能也很强大,能够帮助用户及时查杀计算机上的病毒软件,保障用户的上网安全,同时360杀毒软件也会及时更新病毒库以及相应的防护措施。
- 火绒安全软件,火绒安全软件是新一代全功能安全软件,火绒安全软件基于强大的底层技术和先进的产品架构,实现了反病毒、主动防御和防火墙三大模块的深度整合,构建起严密的多层次安全防御体系，拥有杀毒、防黑客、反流氓软件等安全功能。
- 金山毒霸，金山毒霸是金山官方推出的一款全新反病毒软件，功能十分强大，采用启发式搜索、代码分析、虚拟机查毒等业界成熟可靠的技术，病毒木马通通无所遁形，同时金山毒霸11还开启了病毒防火墙实时监控、压缩文件查毒、电子邮件查杀等新功能，保证计算机安全。
- 瑞星杀毒，瑞星杀毒软件官方版软件小巧，占用资源少，操作简单，你只需下载安装后就可以使用。而且瑞星杀毒软件功能多样，可以优化计算机、查杀病毒、防护计算机安全，为大家带来高效便捷的使用体验。
- 江民杀毒，江民杀毒软件创建于1996年，全面融合杀毒软件、防火墙、安全检测、漏洞修复等功能。
- 腾讯电脑管家，腾讯电脑管家是由腾讯计算机系统有限公司推出的一款免费安全软件，拥有安全云库、系统加速、一键清理、实时防护、网速保护、电脑诊所等功能，依托腾讯安全云库、自主研发反病毒引擎"鹰眼"及QQ账号全景防卫系统，能查杀各类计算机病毒。

3. 360杀毒软件的安装

以360杀毒软件为例，演示360杀毒软件的安装和使用方法。以360浏览器为例演示安装过程，在360杀毒官网的下载中心，选择合适的版本进行下载，如图6-3-2所示。

图 6-3-2　360 杀毒软件下载

① 单击相应安装包后的"立即下载"按钮，弹出"新建下载任务"对话框，其中会详细显示下载网址、文件名称以及下载目录，如图6-3-3所示。单击"下载到"后面的"浏览"按钮，弹出"下载内容保存位置"对话框，可选择合适的保存位置，如图6-3-4所示。

图 6-3-3　"新建下载任务"对话框

② 选择下载目录之后,单击"新建下载任务"对话框中的"下载"按钮,弹出图6-3-5所示的下载界面。

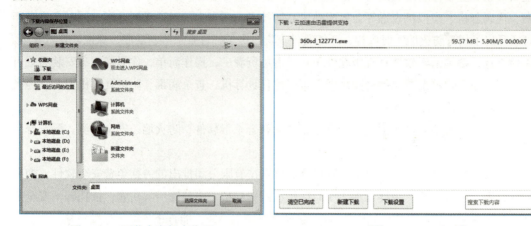

图 6-3-4　下载内容保存位置　　　　　　　　　图 6-3-5　迅雷下载

③ 下载完成之后,在下载目录中就可以看到360杀毒软件的安装包,双击安装包,弹出图6-3-6所示的安装界面,单击"更改目录"按钮,可以自行更改安装目录,建议安装到非系统盘位置,勾选"阅读并同意许可使用协议和隐私保护说明"复选框,单击"立即安装"按钮即可开始安装。

图 6-3-6　安装包及安装界面

④ 安装过程如图6-3-7所示。
⑤ 安装完成后的界面如图6-3-8所示,同时在桌面上可以看到360杀毒软件的快捷图标。

项目六　信息安全　201

图 6-3-7　正在安装中的 360 杀毒软件

图 6-3-8　360 杀毒软件界面

4. 360杀毒软件的使用

在360杀毒软件主界面提供快速扫描、全盘扫描和自定义扫描三个选项，如图6-3-9所示。

图 6-3-9　360 杀毒软件使用主界面

360杀毒软件界面提供全盘扫描和快速扫描两个类型，全盘扫描是对系统彻底的检查，对计算机中的每一个文件都会进行检测，所以花费的时间很长。快速扫描是推荐用户使用的，它会对计算机中关键的位置以及容易受到木马侵袭的位置进行扫描，扫描的文件较少，所以速度很快。可以根据需要选择扫描方式。下面以快速扫描为例介绍其功能，选择"快速扫描"选项，扫描界面如图6-3-10所示，对系统设置、常用软件、内存活跃程序、开机启动项、系统关键位置进行扫描，在扫描界面的下方会列出可能的异常问题，如图6-3-11所示，选中有异常的问题后单击右上角的"立即处理"按钮，这些问题就会被修复。

图 6-3-10　快速扫描过程

图 6-3-11　扫描结果

360杀毒软件主界面中还有"功能大全"选项，单击"功能大全"按钮后弹出图6-3-12所示界面，提供系统安全、系统优化、系统急救三大类选项，在各自的下方还有很多种功能，用户可以根据需要选择使用。

项目六 信息安全 203

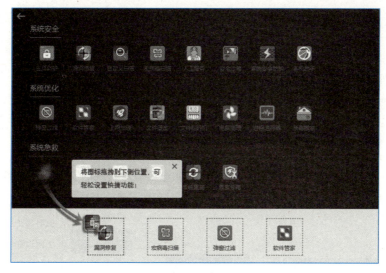

图 6-3-12 360 杀毒软件功能大全

任务实施

本任务的实施整体过程如下：

1. 下载360杀毒软件

① 登录360杀毒软件官网https://sd.360.cn/。

② 从"下载中心"下载适合操作系统类型的安装包。

2. 安装360杀毒软件

① 双击安装包进行安装。

② 在安装界面中选择合适的目录进行安装。

3. 使用360杀毒软件

使用快速扫描和全面扫描功能分别扫描系统。

●●●● 任务四 系统维护 ●●●●

视频

下载杀毒软件

视频

安装杀毒软件

视频

使用杀毒软件

任务引入

张明的笔记本计算机已经使用了一段时间了，最近他感觉计算机的速度越来越慢，为了提升计算机的运行速度，最大限度地延长计算机的使用寿命，就需要对计算机进行简单的维护。我们需要清理使用计算机和上网时产生的各种临时文件和浏览数据，对系统盘C盘进行清理，然后对D盘进行磁盘检查，并对D盘的磁盘碎片进行整理。

任务要求

1. 了解硬件维护常识。
2. 了解软件维护常识。
3. 掌握磁盘清理及碎片整理。

任务分析

本任务需要了解计算机软、硬件的维护常识，知道如何进行临时文件和浏览数据的清理，还需要掌握磁盘的清理及碎片的整理等内容。本任务实现的思维导图如图6-4-1所示。

图 6-4-1　任务四思维导图

相关知识

1. 计算机硬件维护常识

所谓硬件维护是指在硬件方面对计算机进行的维护，它包括计算机使用环境和各种器件的日常维护。

1）计算机工作环境的维护

计算机常见故障中有一部分是内部器件因为温度、湿度、灰尘、电源等原因引起的。

（1）温度

计算机工作环境温度一般为20～25 ℃，温度过高会使计算机工作时产生的热量不能及时散发，会缩短计算机的寿命或者烧毁计算机的元器件。

（2）湿度

机房内要保持良好的通风，环境湿度不能太大，否则计算机内部的线路很容易腐蚀，使板卡老化。

（3）灰尘

计算机的各种器件都非常精密，如果灰尘太多的话，就有可能造成计算机接口堵塞，使计算机不能正常工作，应定期清理计算机机箱内部的灰尘。

（4）电源

稳定的电源是计算机正常工作的前提，比如突然停电就会造成数据丢失，电压经常波动的情况下就会造成器件的烧毁，建议电压不稳定的地方配备一个稳压器，以保证计算机稳定正常的工作。

2）计算机器件的维护

计算机器件主要包括CPU、主板、内存条、磁盘、显示器、鼠标和键盘等，这些器件都是用户维护的重点。

（1）CPU的维护

CPU是计算机一个发热较大的器件，如果CPU不能很好的散热，会导致系统运行不正常、机器重启、死机等，所以要为CPU选择一个好的风扇。

（2）主板的维护

在使用过程中，一定要避免热插拔，以免烧坏主板。

（3）内存条的维护

对于内存条来说，需要注意的是在升级内存条时，尽量选择和以前品牌、外频一样的内存条来和以前的内存条搭配使用，这样可以避免系统运行不正常等故障。

（4）磁盘的维护

在硬盘进行读/写操作时，硬盘处于高速旋转状态，如遇突然断电，会使磁头与盘片之间发生猛烈摩擦而损坏硬盘。在关机时一定要注意机箱面板上的硬盘指示灯是否还在闪烁，如果硬盘指示灯闪烁不止，说明硬盘的读/写操作还没有完成，此时不宜马上关闭电源，只有当硬盘指示灯停止闪烁，硬盘完成读/写操作后方可关机。

（5）显示器的维护

显示器的屏幕常常会受到各种灰尘或者杂质的影响，这不仅会在很大程度上降低其显示效果，而且对于用户的视力也有很大的影响，除尘过程不能使用酒精，最好使用专业工具。

（6）鼠标、键盘的维护

鼠标要避免摔碰和强力拉拽，而键盘要注意过多的灰尘会给电路正常工作带来困难，有时造成误操作，杂物落入键位的缝隙中会卡住按键，甚至造成短路。在清洁键盘时，可用柔软干净的湿布擦拭，按键缝隙间的污渍可用棉签清洁，不要用医用消毒酒精，以免对塑料部件产生不良影响。清洁键盘时一定要在关机状态下进行，湿布不宜过湿，以免键盘内部进水产生短路。

2. 计算机软件维护常识

1）操作系统的维护

操作系统是计算机系统的核心，它是计算机系统中负责支撑应用程序运行环境以及用户操作的系统软件，它需要对硬件进行监管，对各种计算机资源进行实时管理，还需要提供诸如作业管理之类的面向应用程序的服务等。用户可以在Windows系统下进行备份和还原，用户可以自动创建备份和还原点，这个备份和还原点代表这个时间点系统的状态，这个状态包括操作系统本身的状态和安装的应用软件的状态。如果由于操作不当导致系统出现问题，可以通过系统还原将系统还原到过去的正常状态。

2）数据备份

数据备份对于使用计算机的人来说非常重要，数据备份要做到两方面的内容，安全保存和有效备份。

首先，重要的文件、数据一定要安全保存。安全保存就是要将文件存放到不容易被病毒破坏的位置。安全保存对于数据备份起到关键性的作用。用户可以将重要的数据放在一个单独的存储设备中，比如一个U盘，这样就能避免很多意想不到的损失。

其次，数据的有效备份。如果用户对数据进行了备份，结果却不能使用，那就是徒劳了。比如，用户将数据做了光盘备份，当用户使用光盘的时候发现数据感染了计算机病毒，那么备份的数据就不是有效的。因此有效备份数据是至关重要的，用户必须做到一方面要在数据备份之前做好查毒的工作，另一方面要在备份数据之后做好查看的工作。

3）安装防病毒软件

为了保证计算机系统的稳定运行和重要文件不丢失，必须在自己的计算机上安装防病毒软件。现在国产的防病毒软件基本都能达到查杀病毒的功能，以最大限度保护计算机。

4）定期进行磁盘碎片整理

用户的计算机随着使用的频繁程度，会出现不同程度的磁盘碎片，这样会导致计算机系统运动的速度变慢。因此定期对计算机进行磁盘碎片整理工作是非常必要的，用户使用系统自带的"磁盘碎片整理程序"就可以完成磁盘碎片的整理工作。

5）清理垃圾文件

在日常生活中，用户会使用计算机上网、工作、游戏等，而所有这些操作都会产生垃圾文件。比如上网浏览的网页的文件，工作时产生的临时文件等。用户可以使用相关的软件清理垃圾文件，如360安全卫士等。

3. 计算机磁盘清理及碎片整理

磁盘清理是清理垃圾文件，释放磁盘空间。垃圾文件包括日志文件、*.tmp临时文件、*.old旧文件（即之前系统文件）、*.bak备份文件等，还有各种应用程序临时缓存的垃圾文件，包括软件安装过程中产生的临时文件，以及压缩工具临时存放的解压文件等，还有上网留下的网页缓存文件、历史记录等。

磁盘在使用过程中，由于非正常关机，大量的文件删除、移动等操作，对磁盘造成一定的损坏，有时产生一些文件错误，影响磁盘的正常使用，甚至造成系统缓慢，频繁死机。使用Windows 10系统提供的"磁盘检查"工具，可以检查磁盘中损坏的部分，并对文件系统的损坏加以修复。

任务实施

本任务的实施整体过程如下：

清除临时文件、上网浏览数据 → C盘磁盘清理 → D盘磁盘检查与优化

1. 清除系统临时文件和上网浏览数据

1）清除系统临时文件

打开"此电脑"窗口，在地址栏中输入"%temp%"，按【Enter】键打开临时文件夹Temp，此文件夹中存放的就是系统临时文件，可以选择删除所有文件，如图6-4-2所示。

视频
清除临时文件和浏览数据

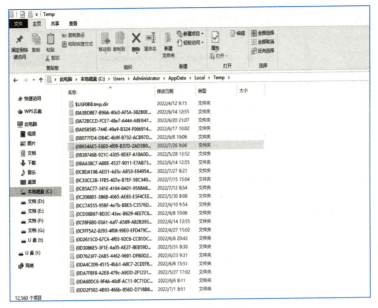

图 6-4-2 系统临时文件

2）清除上网浏览数据

启动Google Chrome浏览器，单击地址栏右侧的"自定义与控制Google Chrome"按钮，在弹出的下拉菜单中选择"设置"命令，弹出"设置"对话框，如图6-4-3所示，在左侧选择"隐私和安全"选项，单击右侧的"清除浏览数据"按钮，如图6-4-4所示，弹出"清除浏览数据"对话框，如图6-4-5所示，选中要清除的选项，单击"立即清除"按钮即可。

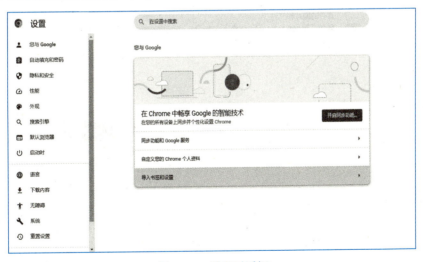

图 6-4-3 设置对话框

图 6-4-4　隐私和安全

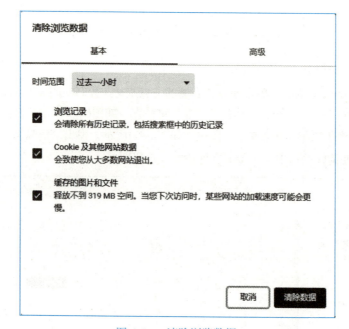

图 6-4-5　清除浏览数据

● 视频

清理C盘

2. 对C盘进行清理

打开"此电脑"窗口，右击"本地磁盘(C:)"，在弹出的快捷菜单中选择"属性"命令，弹出"本地磁盘(C:)属性"对话框，如图6-4-6所示，选择"常规"选项卡，单击"磁盘清理"按钮，弹出"(C:)的磁盘清理"对话框，如图6-4-7所示，在"要删除的文件"列表框中选中要删除的文件类型，单击"确定"按钮，即可对C盘进行清理。

项目六 信息安全

图 6-4-6 "本地磁盘 (C:) 属性"对话框

图 6-4-7 "(C:) 的磁盘清理"对话框

3. 对D盘进行检查和优化

打开"此电脑"窗口,右击"文档(D:)",在弹出的快捷菜单中选择"属性"命令,弹出"文档(D:)属性"对话框,选择"工具"选项卡,如图6-4-8所示,单击"检查"按钮,检查D盘中的文件系统错误。单击"优化"按钮,打开"优化驱动器"窗口,如图6-4-9所示,选择"文档(D:)",单击"优化"按钮,系统首先分析驱动器,然后根据需要进行优化。

视 频

检查和优化D盘

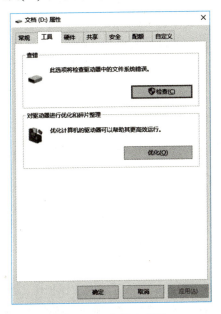

图 6-4-8 文档 D 属性

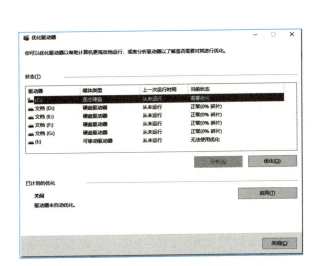

图 6-4-9 "优化驱动器"窗口

附录 A 信息安全法律法规

随着互联网时代的快速发展，网络安全问题日益凸显。大量敏感信息的存储和传输成为重要的挑战，这些敏感信息包括国家机密、经济信息以及个人隐私等。这些信息如果被不法分子盗取或窃取，将会对国家的安全、社会稳定以及个人利益带来极大的危害。信息安全事关人类共同利益，事关世界和平与发展，事关各国国家安全。

1. 信息安全法律法规

1）信息安全的定义

人们普遍认为，信息安全是研究保护信息及承载信息的系统科学。理想的信息安全是要保护信息及承载信息的系统免受网络攻击的伤害。事实上，信息及其系统的安全与人、应用及相关计算环境紧密相关，不同的场合对信息的安全有不同的需求。

当前人们普遍理解的信息安全就是在信息产生、存储、传输与处理的整个过程中，信息网络能够稳定、可靠地运行，受控、合法地使用，从而保证信息的保密性、完整性、可用性、真实性、可控性及不可否认性等安全属性。

2）信息安全发展阶段

（1）通信保密时期

通信保密时期为20世纪60年代前，主要关注传输过程中的数据保护，通过密码技术解决通信保密，保证数据的保密性。

（2）计算机安全时期

计算机安全时期为20世纪60～80年代，预防、检测和减小计算机系统（包括软件和硬件）用户（授权和未授权用户）执行的未授权活动所造成的后果，主要关注数据处理和存储时的数据保护。

（3）信息安全时期

信息安全时期为20世纪80～90年代，综合网络通信安全和计算机安全，重点在于保护比"数据"更精练的"信息"，确保信息在存储、处理和传输过程中免受偶然或恶意的非法泄密、转移或破坏。

（4）信息保障时期

信息保障时期为20世纪90年代中期至21世纪初，保障信息和信息系统资产，保障组织机构使命的执行；综合技术、管理、过程、人员；确保信息的保密性、完整性、可用性、可控性、不可否认性等。

（5）网络空间安全时期

21世纪初至今是网络空间安全时期，网络空间安全是信息安全发展到现阶段的具体形态，没有网络安全就没有国家安全，《中共中央关于制定国民经济和社会发展第十四个五年规划和二〇三五年远景目标的建议》正式发布，提出保障国家数据安全，加强个人信息保护，全面加强网络安全保障体系和能力建设，维护水利、电力、供水、油气、交通、通信、网络、金融等重要基础设施安全。

3）信息安全相关法律法规

我国在信息安全领域的法律法规确实非常丰富，旨在确保网络安全、保护个人隐私和国家安全。以下是一些主要的信息安全法律法规：

《中华人民共和国密码法》于2019年10月26日通过，自2020年1月1日起施行。该法是为了规范密码应用和管理，促进密码事业发展，保障网络与信息安全，维护国家安全和社会公共利益，保护公民、法人和其他组织的合法权益而制定的法律。

《中华人民共和国网络安全法》（简称《网络安全法》）于2016年11月7日发布，2017年6月1日起正式实施。这部法律是我国网络安全领域的基本法，它明确了网络空间主权的原则，要求网络运营者履行安全保护义务，采取必要的技术措施和管理措施，保障网络免受干扰、破坏或者未经授权的访问，以及防止网络数据泄露或者被窃取、篡改。

《中华人民共和国个人信息保护法》于2021年11月1日起正式实施，旨在保护个人信息权益，规范个人信息处理活动，促进个人信息合理利用。它明确了个人信息处理的基本原则，要求个人信息处理者遵循合法、正当、必要和诚信原则，确保个人信息处理活动透明、可问责。

《中华人民共和国电信条例》于2000年9月25日正式实施，是为了规范电信市场秩序，维护电信用户和电信业务经营者的合法权益，保障电信网络和信息的安全，促进电信业的健康发展而制定的。

《网络安全法》构成我国网络空间安全管理的基本法律，与《中华人民共和国国家安全法》《中华人民共和国反恐怖主义法》《中华人民共和国刑法》《中华人民共和国保守国家秘密法》《中华人民共和国治安管理处罚法》《关于加强保护的决定》《关于维护互联网安全的决定》《计算机信息系统安全保护条例》《互联网信息服务管理办法》等现行法律法规共同构成我国关于信息安全管理的法律体系。

2. 软件知识产权

1）软件知识产权概述

知识产权就是人们对自己的智力劳动成果所依法享有的权利，是一种无形财产。知识产权包括专利权、商标权、版权（又称著作权）、商业秘密专有权等，其中，专利权与商标权又统称为"工业产权"。随着科技的进步，知识产权的外延在不断扩大。

软件知识产权是计算机软件人员对自己的研发成果依法享有的权利。软件作为一种高科技产物，具有高度知识密集性和价值。因此，对于软件的所有权和知识产权进行明确界定和处理就显得尤为重要，由于软件属于高新科技范畴，目前国际上对软件知识产权的保护法律还不是很健全，大多数国家都是通过著作权法来保护软件知识产权的，与硬件相关密切的软件设计原理还可以申请专利保护。所谓软件的所有权，指的是软件的著作权，即开发者对软件的排他性权利。而软件的知识产权则涉及专利权、商标权等方面。

2）软件知识产权的法律适用

对于软件的保护是一个综合的保护，可通过专利法、民法典、商标法、反不正当竞争法等不同的方法进行保护。

中国公民和单位对其所开发的软件，不论是否发表，不论在何地发表，不论是否进行著作权登记，均享有著作权。考虑到软件作品的特殊性，国务院根据《中华人民共和国著作权法》制定了《计算机软件保护条例》，软件著作权保护的主要依据是《计算机软件保护条例》。软件著作权登记不是软件版权保护的必要条件，但在发生著作权纠纷时，版权登记材料法律上是认可的。

3）软件知识产权的内容

著作品版权：将研发成果中的文档、程序或其他媒介视为作品，适用著作权法进行保护。

设计专利权：应用端的工程技术、技巧性设计方案，可以申请专利保护。

形式表现商标权：产品名称、软件界面等形式表现的智力成果，可以申请商标保护。

4）软件知识产权保护

为了有效保护软件知识产权，可以采取多种对策。首先，需要增强软件知识产权保护意识，深入了解国内外有关软件保护的法律法规。其次，对研发成功的新软件要及时依法登记，并为软件产品通过其外包装注册商标。此外，企业与员工应签订保护软件商业秘密协议，依靠软件企业行业协会应对软件商业运作中的各种纠纷。同时，可以根据软件产品的特点，采取与硬件捆绑销售模式，并建立国内外预警机制，跟踪国内外软件发展趋势实时调整研发计划方案。

3. 信息安全案例

1）信息安全犯罪分析

网络犯罪案件中，从事信息传输、计算机服务和软件业的被告人最多，占比达37.21%；网络犯罪案件被告人量刑多为有期徒刑，其中约1/6被判五年以上；网络犯罪案件中近1/3的案件涉及诈骗，为网络诈骗案件。

网络违法犯罪总体呈现出两种特点：

① 侵犯公民个人信息，这成为网络赌博、网络色情、网络诈骗等各类违法犯罪产业链的上游支柱。

② 依托公民个人信息实施的网络诈骗层出不穷，类型集中在网络交友诈骗、网络投资诈骗等方面。

2）信息安全案例

（1）我国首例网络爬虫入侵他人计算机系统案

上海某网络科技有限公司主要负责人员张某等经共谋，于2016年至2017年间采用"爬虫"技术非法抓取北京某网络技术有限公司服务器中存储的视频数据。最终海淀区法院以非法获取计算机信息系统数据罪分别判处被告单位罚金20万元，判处被告人张某等四人一年至九个月不等的有期徒刑，并处罚金。

（2）超范围采集个人信息

2019年5月，警方工作中发现北京淘金者科技有限公司旗下一款产品牛股王App，存在超范围采集用户个人信息及手机权限的情况。经现场检查，牛股王App在获取读取手机状态和身份、发现已知账户、拦截外拨电话、开机时自动启动四项权限中存在超范围采集用户个人信息的情况。对此，朝阳警方依据《网络安全法》第四十一条、第六十四条，对该公司给予行政警告处罚。此案例为北京市公安局网安部门首次适用《网络安全法》对涉嫌超范围采集用户个人信息的公司开展行政执法。

（3）上海医疗设备软件著作权刑事案

刘某生未经著作权人许可，自行制作用于避开著作权技术保护措施的加密狗，提供CAT软件、维修手册等作品的下载链接，擅自复制星云工作站、AW工作站、飞云工作站的软件，销售加密狗和盗版软件给他人。上海市第三中级人民法院审理后认为，刘某生、刘某二人的行为均已构成侵犯著作权罪，判处刘某生有期徒刑三年二个月，并处罚金70万元；判处刘某有期徒刑一年，缓刑一年，并处罚金8万元。此案为全国首例通过故意避开技术保护措施侵犯权利人医疗设备软件著作权刑事案件，为故意避开著作权人采取的保护著作权的技术措施的网络犯罪明确了相应的裁判规则。

参 考 文 献

[1] 眭碧霞. 信息技术基础：WPS Office[M]. 2版. 北京：高等教育出版社，2021.
[2] 肖静，全丽莉. 信息技术应用基础：WPS Office[M]. 2版. 北京：高等教育出版社，2021.
[3] 张敏华，史小英. 计算机应用基础：Windows 7+Office 2016[M]. 北京：人民邮电出版社，2022.
[4] 刘志成，石坤泉. 信息技术基础：Windows 10+Office 2019[M]. 北京：人民邮电出版社，2023.
[5] 赵源源. 学电脑从入门到精通：Windows 10+Office 2019[M]. 北京：人民邮电出版社，2019.
[6] 曾爱林. 计算机应用基础项目化教程[M]. 北京：高等教育出版社，2020.